Taro多端开发权威指南

权威指南

小程序、H5与App高效开发实战

李佩忠◎编著

电子工业出版社
Publishing House of Electronics Industry
北京·BEIJING

内 容 简 介

本书详细介绍了使用 Taro 进行多端开发所需要掌握的知识点。本书由浅入深，介绍了 ES 6 常用语法、Taro 基本用法、数据交互、Hooks 解耦状态与视图、多端开发、Taro UI 使用、插件的使用、性能优化与 Taro 原理剖析，最后以一个项目串联知识点，带读者一窥从项目搭建，到需求评审与开发，再到性能优化，最终部署上线的整个流程，直至完成一个完整的 Taro 多端开发项目。

本书示例丰富、注重实战，适用于从零开始学习 Taro 开发的初学者、希望更全面深入理解 Taro 的开发者。同时由于 Taro 与 React 语法相近，因此本书介绍的很多开发思想和实践经验同样适用于 React 开发者。

图书在版编目（CIP）数据

Taro 多端开发权威指南：小程序、H5 与 App 高效开发实战 / 李佩忠编著. —北京：电子工业出版社，2021.4
（高效实战精品）

ISBN 978-7-121-40906-6

Ⅰ. ①T… Ⅱ. ①李… Ⅲ. ①移动终端－应用程序－程序设计－指南 Ⅳ. ①TN929.53-62

中国版本图书馆 CIP 数据核字(2021)第 061061 号

责任编辑：李秀梅
印　　刷：山东华立印务有限公司
装　　订：山东华立印务有限公司
出版发行：电子工业出版社
　　　　　北京市海淀区万寿路 173 信箱　　邮编：100036
开　　本：787×980　　1/16　　印张：19.25　　字数：385 千字
版　　次：2021 年 4 月第 1 版
印　　次：2021 年 4 月第 1 次印刷
定　　价：79.00 元

凡所购买电子工业出版社图书有缺损问题，请向购买书店调换。若书店售缺，请与本社发行部联系，联系及邮购电话：(010) 88254888，88258888。

质量投诉请发邮件至 zlts@phei.com.cn，盗版侵权举报请发邮件至 dbqq@phei.com.cn。

本书咨询联系方式：010-51260888-819，faq@phei.com.cn。

推荐语

58 同城及安居客业务有众多的小程序场景，涵盖了市面上主流的小程序平台。我们采用 Taro 来实现大部分跨端开发需求，实践下来可以有效提升业务开发效率。

Taro 是一个较为成熟的跨端框架，可用来开发大部分业务，基本上可以做到开箱即用，远比直接使用小程序原生代码开发简单。

本书详细介绍了使用 Taro 进行多端开发的方方面面，表述层次非常清晰，内容由浅入深，同时结合了大量业务实践案例，仔细阅读后收获颇多。相信本书可以帮助到想要或者正在使用 Taro 的工程师。

作者提到的 Taro 3 React Native 部分，目前正由我们团队开发，并将很快同大家见面。期待 Taro 框架越做越出色。

—— 陈志庆，58 同城前端架构师，技术委员会前端通道成员

京喜作为深度使用 Taro 进行多端开发的大型电商应用，伴随着 Taro 走过了成长期和成熟期。由于占据着微信和手机 QQ 一级购物入口，为海量用户提供服务，京喜在性能、体验等各方面要求极为苛刻，我们打磨产品过程中的一些实践在本书中有很好的体现。无论你的项目规模大小，这都是一本值得一读的佳作。

—— 桂永红，京喜项目前端负责人

多小程序、多代码导致研发 ROI 偏低，重复输出多，成长慢。Taro 是业内非常成熟的多端解决方案，我一路见证了其从 0 到 1 的蜕变，相信本书能很好地帮助前端开发工程师全面了解多端研发一体化。

—— 许世超，网易严选前端负责人

推荐序

2017 年 1 月 9 日凌晨，微信正式推出小程序，为移动端家族增加了新的业务形态和玩法。当大家还在探讨这一新兴平台能做什么的时候，京东率先上线了"京东购物"小程序，惊艳业界。随后，更多的电商行业执牛耳者纷纷入驻小程序，从此，承载电商的主战场逐渐从需要自建流量的移动端 App 向小程序倾斜。

小程序的出现，为电商行业的研发带来了巨大的挑战。继微信之后，越来越多的头部流量互联网公司纷纷盯上小程序这块"蛋糕"，相继推出了各自的小程序平台，如京东、阿里巴巴、百度、字节跳动等，为了让我们的电商业务能快速移植到这些小程序平台，帮助我们快速拓展业务渠道，我们开始了新的尝试。

我们开始尝试使用技术的手段，探索一种能够统一所有平台开发的新技术。

Taro 正是在这一背景下诞生的解决方案，从小程序出发，逐步统一 H5、App 这些平台，从而解决业务多端适配的问题，帮助业务去快速适配更多平台，获得更多的流量收益。

目前 Taro 作为多端统一开发解决方案，在京东内部服务于京东零售、物流、数科、智联云、安联保险等多个子集团，为京喜、京喜拼拼、京东快递、京东生鲜、7Fresh、拍拍二手等 70 余个重量级业务的研发上线助力赋能，大幅提升业务研发效率。同时，在业界，Taro 累计服务超过 10 万名开发者，共有 281 位开源爱好者为 Taro 贡献过代码。Taro 团队还与业界多家头部互联网公司研发团队共同探讨进步。

Taro 是一个非常值得学习的，也是一个生生不息、积极开放的多端技术方案。

本书是一场关于 Taro 的深入浅出学习之旅。首先，它从 Taro 的基础知识开始，帮助读者了解 Taro、熟悉 Taro，再结合实践经验，帮助读者构建组件化开发的思想，同时深入介绍了 React 及其生态，帮助读者打下坚实的基础。然后，深入介绍了 Taro 的多端开发知识、性能优化实践及 Taro 的核心原理，让读者对 Taro 有更深层次的了解。最后，结合具体实战，帮助读者总结知识、消化知识，达到融会贯通的目的。

本书将是入门 Taro、深入使用 Taro 的好帮手，无论是 Taro 初学者，还是想在 Taro 之路上更进一步的开发者，都能获益匪浅。

从 Taro 1 到 Taro 2，再到目前最新的 Taro 3，都可以看出 Taro 一直在坚定不移地探索、前进，一切都为了更好的开发体验和更高的研发效率。当下 Taro 已成为业界最为火热的多端统一开发解决方案，它将会继续保持初心，不断地成长。我们也将基于 Taro 输出更多好玩的东西到社区，帮助开发者更好地开发多端应用。学习 Taro 最好的时候是过去，同时也是现在。

—— 隔壁老李，京东零售凹凸实验室资深前端工程师

前言

2017 年 1 月 9 日，微信小程序正式上线。自此，这种触手可及、用完即走的小程序产品引起广泛关注。

在此后的一段时间里，数个产品均发布了自己的小程序平台，其中包括支付宝小程序、百度小程序、字节跳动小程序等。各小程序平台间存在或多或少的差异，如语法差异、规范差异等，对于开发者而言，开发各端小程序是非常浪费精力的，因为各端小程序之间存在的差异是少量的，我们希望编写同一套代码，在编译时抹平各端差异，从而提升开发效率，降低开发成本。

除了小程序，产品可能还需要在 H5、iOS、Android 端运行。能否在兼顾小程序的同时编译生成 H5、iOS、Android 应用呢？毕竟在 React 的生态里，有一个框架——React Native 支持使用 React 开发 iOS、Android 应用。经过很多开发者的不停探索，催生出了很多优秀的多端开发框架，其中就有 Taro。

Taro 诞生已有两年多时间，在这两年多时间里，Taro 一直保持高速成长状态。从 1.x 版本到 3.x 版本，Taro 经历了大的版本迭代与重构，正是因为源码的不断重构与架构调整，才使得更多的开发者加入其中，共同迭代升级 Taro，有越来越多的公司选择使用 Taro 开发多端统一应用。

多端开发"封神榜"上，一定会有 Taro 的名字。

阅读建议

本书从基础知识切入，循序渐进，由浅入深。在掌握 Taro 基础知识以后，你可以尝试使用 Taro 去开发一些小的案例，书中也提供了一些小案例用于理解某些开发中常用的知识点。最后通过开发一个闲置换 App，带读者一窥从项目搭建，到需求评审与开发，再到性能优化，最终部署上线的整个流程。

本书作为市面上首本 Taro 开发参考书，首先需要覆盖绝大多数开发工作中所使用的知识点，将这些知识点穿成线。其次需要带读者一起了解 Taro 原理，知其然且知其所以然才能让我们在开发工作中游刃有余。本书一共 12 章，各章内容介绍如下：

第 1 章 介绍了 Taro 的诞生背景、基本理念及主要特性。同时介绍了使用 Taro 进行开发前需要掌握的 ES 6 常用语法知识、Taro 脚手架及规范约定。学完本章，相信大家会对使用 Taro 开发多端应用有一个基本认识。

第 2 章 介绍了 JSX 语法基础。同时介绍了组件化开发基本思想、组件生命周期、组件中事件的处理，以及如何绑定事件、如何解决 this 指向性问题等。了解单个页面开发以后，我们可以尝试将多个页面有机组合，这时就需要使用路由功能了。路由系统将各个模块通过路径和路径参数编织成网，路由操作允许你在网的节点之间穿梭。最后以表单控件串联起了本章学习的重要内容，举一反三。

第 3 章 介绍了组件设计基本原则。介绍了组件关系、组件之间的通信即状态同步问题。还介绍了组件和服务端数据交互与通信使用的 API，同时介绍了如何使用拦截器在请求发出前或响应到来后做一些特殊处理。最后介绍了 Ref 在开发过程中的使用方法。

第 4 章 介绍了项目中常用的两种集中状态管理方案，分别为 Redux 与 MobX。在新版本的 Taro 中建议使用 Hooks 结合 context 管理状态。

第 5 章 介绍了 Hooks 相关知识。Hooks 赋予了函数组件管理内部状态和处理副作用的能力，使得组件与数据得以拆分，同时解决了状态难以复用的问题。

第 6 章 介绍了如何使用 Taro 同步开发多端应用，开发之前需要根据项目具体需求和设计稿合理配置项目配置文件。开发多端应用过程中，可供选择的方案有 3 种，可根据模块开发需求选择合适方案。然后介绍了如何修改配置以支持多端同步调试与打包。

第 7 章 介绍了 Taro UI 的使用，使用 Taro UI 不仅能降低开发成本，还能保证多端样式统一。

第 8 章 介绍了 Taro 中较难理解但是颇有用途的一个特性——插件机制。插件机制提供给开发者众多能力，例如，自定义业务相关插件辅助业务开发、自定义命令拓展 Taro 命令行工具、自定义 Hooks 处理自定义处理逻辑，甚至可以借助该功能拓展编译规则，从而使 Taro 支持更多端应用的编译工作。工作中用好 Taro 插件机制能在很大程度上提高开发及构建效率。

第 9 章 介绍了 Taro 项目性能优化的知识。我们可以通过 Prerender 预渲染提升渲染速度，利用虚拟列表解决大数据列表的性能问题，同时可以自定义组件更新重渲染条件从而达到优化目的。还介绍了 Taro 多端开发的实现原理，通过讲解 Taro 1.x 源码，介绍了 Taro 的基本原理。

第 10 章 介绍了微信小程序、支付宝小程序、React Native 的开发环境搭建的相关内容，通过 Taro 编译不同端应用以提升开发效率。

第 11 章 介绍了使用 Taro 开发 H5、微信小程序、React Native 端应用的流程，从项目搭建到多端适配，完整讲解了使用 Taro 开发多端应用的方法和需要注意的问题，最后介绍了不同端打包发布的流程，从 0 到 1 打造多端应用。

第 12 章 介绍了 Taro 的发展及如何使用 Taro 3 进行多端开发。

通过阅读本书，希望读者能对多端开发方案有一定认识，能够使用 Taro 开发多端应用。

读者反馈

本书作为市面上首本全面讲解 Taro 的图书，在写作过程中，我深感开创者的不易，因自身水平有限，书中难免会有疏漏，恳请读者指正。你可以通过邮箱 flana_zhong@163.com 与我联系，或者关注我的微信公众号"JavaScript 全栈"私信我，看到反馈后我会第一时间回复。

示例代码下载

本书实战部分代码托管在 GitHub 上，访问地址为 https://github.com/HeyiMaster/taro-book，源码仅供参考学习，建议结合书中源码片段学习。

致谢

我坚信成就自己最好的方式就是帮助他人。我乐于分享，无论是技术还是生活，在将我所掌握的知识、生活技能等通过文字或视频形式传递给他人的时候，我都非常开心。正是因为分享和开源，我有幸结识了 Taro 团队的很多小伙伴，他们为 Taro 付出了很多，牺牲了很多周末时间，推掉了很多个朋友聚会，挤压了陪伴家人的时间。同时我在想，为什么目前市面上还没有一本工具书介绍 Taro，让更多开发者听到 Taro 的声音？

因为一直囿于文笔不好，担心写出的内容不能很好地将 Taro 的精华传授于读者，所以踟蹰不前。直到电子工业出版社编辑李秀梅老师找到我，给予了我很多鼓励，加上疫情在家无法外出，可以全身心投入写作，我才决定开始本书的写作。

在此，特别感谢 Taro 团队小伙伴老李、立哥、帅哥的答疑解惑，同时特别感谢电子工业出版社李秀梅编辑不厌其烦地纠正书稿中的错误。真心感谢你们，是你们的支持和鼓励让这本书得以面世。

最后，感谢我的父母，是你们含辛茹苦将我养育成人。也感谢我的妻子严霜，是你的支持与理解让我顺利完成写作。

读者服务

微信扫码回复：40906

◎ 获取本书配套源码资源

◎ 获取作者提供的各种共享文档、线上直播、技术分享等免费资源

◎ 加入本书读者交流群，与作者互动

◎ 获取博文视点学院在线课程、电子书 20 元代金券

目录

第 1 章　初识 Taro 1

　1.1　Taro 介绍 2

　　　1.1.1　简介 2

　　　1.1.2　特性 2

　　　1.1.3　Taro UI 4

　　　1.1.4　其他 5

　1.2　ES 6 常用语法简介 5

　　　1.2.1　变量定义新方式——let、const 5

　　　1.2.2　告别字符串拼接——模板字符串 7

　　　1.2.3　优雅获取数组或对象中的值——解构赋值 8

　　　1.2.4　二次元函数——箭头函数 9

　　　1.2.5　异步处理——Promise 9

　　　1.2.6　面向对象编程——class 11

　　　1.2.7　模块化——import、export 12

　1.3　开发环境及工具介绍 12

　　　1.3.1　安装 Taro 脚手架工具 12

1.3.2　初始化项目 ·· 13

1.3.3　运行项目 ·· 13

1.3.4　打包项目 ·· 15

1.3.5　Taro 脚手架命令 ··· 15

1.4　规范约定 ·· 18

1.4.1　项目组织 ·· 18

1.4.2　JavaScript / TypeScript 书写规范 ······························ 19

1.4.3　组件及 JSX 书写规范 ·· 20

1.5　本章小结 ·· 21

第 2 章　Taro 基础 ·· 22

2.1　JSX ··· 23

2.1.1　JSX 简介 ·· 23

2.1.2　JSX 语法 ·· 23

2.2　组件化 ·· 25

2.2.1　初识组件 ·· 26

2.2.2　组件定义 ·· 27

2.2.3　props ··· 29

2.2.4　state ·· 30

2.2.5　样式 ··· 31

2.3　组件生命周期 ·· 33

2.3.1　组件挂载 ·· 34

2.3.2　组件更新 ·· 34

2.3.3　组件卸载 ·· 35

2.4　事件处理 36

2.5　路由功能 40

2.6　实战案例：受控与非受控 Input 组件 42

2.7　本章小结 44

第 3 章　Taro 进阶 45

3.1　组件设计 46

3.2　组件通信 47

3.2.1　父子组件通信 47

3.2.2　兄弟组件通信 49

3.2.3　更复杂的组件通信 49

3.3　服务端通信 52

3.3.1　Taro.request 52

3.3.2　请求终止 54

3.3.3　请求拦截器 55

3.4　使用 Ref 56

3.5　本章小结 59

第 4 章　集中状态管理 60

4.1　Redux 61

4.1.1　Redux 设计理念 61

4.1.2　在 Taro 中使用 Redux 63

4.1.3　Redux 案例 65

4.2　MobX 69

4.2.1　MobX 设计理念 69

4.2.2　在 Taro 中使用 MobX 69

4.3　本章小结 73

第 5 章　Hooks 74

5.1　Hooks 简介 75

5.1.1　class 组件的不足 75

5.1.2　Hooks 概览 76

5.1.3　Hooks 规则 80

5.2　Hooks 基础 80

5.2.1　useState 81

5.2.2　useEffect 81

5.2.3　useReducer 83

5.2.4　useCallback 85

5.2.5　useMemo 86

5.2.6　useRef 87

5.2.7　useContext 88

5.2.8　其他 Hooks 88

5.3　自定义 Hooks 91

5.4　本章小结 94

第 6 章　多端开发 95

6.1　编译配置与约定 96

6.1.1　编译配置 96

6.1.2　设计稿与尺寸单位约定 98

6.2　多端开发方案 100

6.2.1　内置环境变量 100

6.2.2　统一接口的多端文件 101

6.2.3　指定解析 node_modules 包中的多端文件 103

6.3　多端同步调试与打包 104

6.4　本章小结 105

第 7 章　Taro UI 106

7.1　安装及使用 107

7.1.1　快速上手 107

7.1.2　自定义主题 108

7.2　组件介绍 110

7.3　本章小结 111

第 8 章　插件机制 112

8.1　插件机制简介 113

8.2　插件使用 115

8.3　自定义插件 117

8.3.1　插件结构 117

8.3.2　插件使用场景 117

8.3.3　插件环境变量 120

8.3.4　插件方法 122

8.4　本章小结 127

第 9 章　性能优化与原理剖析 128

9.1　性能优化 129

9.1.1　Prerender 129

9.1.2　虚拟列表 133

9.1.3　组件更新条件 134

9.2　Taro 框架原理 135

9.2.1　Taro 框架结构分析 136

9.2.2　Taro 编译原理 138

9.2.3　Taro 运行时 144

9.3　Taro 3.x 原理概述 146

9.4　本章小结 155

第 10 章　多端开发环境搭建 156

10.1　微信小程序开发环境搭建 157

10.2　支付宝小程序开发环境搭建 158

10.3　React Native 开发环境搭建 160

10.3.1　在 macOS 系统下搭建 iOS 开发环境 160

10.3.2　在 macOS 系统下搭建 Android 开发环境 160

10.3.3　在 Windows 系统下搭建 Android 开发环境 162

10.3.4　使用 Taro 开发 iOS 应用 162

10.3.5　使用 Taro 开发 Android 应用 164

10.4　本章小结 166

第 11 章　闲置换 App 开发实践 167

11.1　项目介绍 168

11.1.1　项目背景 168

11.1.2　项目需求 168

11.1.3　项目核心功能设计 169

11.1.4 项目架构设计 171

11.1.5 项目接口 mock 172

11.2 基础功能开发 172

11.2.1 通用请求库封装 172

11.2.2 引入 dva 174

11.2.3 定义请求服务 177

11.2.4 为 H5 配置请求代理 179

11.3 自定义导航器 182

11.3.1 需求分析 182

11.3.2 微信小程序端开发 184

11.3.3 H5 端开发 188

11.3.4 React Native 端开发 190

11.4 首页开发 194

11.4.1 搜索组件 194

11.4.2 瀑布流图片组件 198

11.4.3 轮播图组件 203

11.4.4 数据联调 205

11.5 消息页开发 216

11.5.1 定义底部导航 216

11.5.2 消息列表页开发 219

11.5.3 聊天页面开发 221

11.6 商品详情页开发 239

11.7 项目优化与发布 259

　　　　11.7.1　项目优化 259

　　　　11.7.2　项目打包发布 271

　　11.8　本章小结 280

第 12 章　拥抱 Taro 3 281

　　12.1　Taro 演进历程 282

　　　　12.1.1　Taro 1.x 282

　　　　12.1.2　Taro 2.x 282

　　　　12.1.3　Taro 3.x 284

　　12.2　使用 Taro 3 285

　　　　12.2.1　React 模板 285

　　　　12.2.2　Vue 模板 288

　　12.3　本章小结 290

第 1 章

初识 Taro

如今，小程序百花争艳，好一派繁华；Web、原生应用开发"踩雷"不断，着实让人焦虑。我们前端人不停探索，不停找寻多端开发方案，由此催生出了很多优秀框架，其中就有 Taro。使用 Taro，你只需编写一次代码就可以编译生成各端应用，真正提高了小程序、Web 开发效率。另外，由于成书时，Taro 3.x 不支持 React Native 端开发，所以书中的知识及实例以 2.2.13 版本为准。如果你想了解更多关于 Taro 版本演进与 Taro 3.x 的知识，可查看第 12 章的详细介绍。

1.1　Taro 介绍

1.1.1　简介

Taro 是一套遵循 React 语法规范的多端开发解决方案，甚至在 Taro 3.0 及以上版本可以选用 Vue、React 或 Nerv 作为开发规范。Taro 遵循 React 语法，但和 React 并没有直接关系。Taro 底层使用了京东团队开发的 Nerv 框架，该框架语法接近 React。

面对微信小程序、京东小程序、百度小程序、支付宝小程序、字节跳动小程序、快应用、H5、React Native 开发，我们深感疲惫，假如只编写一套代码就能适配这里列举的各种端，岂不快哉？不妨，先想象一下 **write once, run anywhere**，是多么令人神往。

1.1.2　特性

1. 类似 React 的语法风格

Taro 遵循 React 语法规范，它采用与 React 一致的组件化思想、组件生命周期、JSX 语法等，如此，将开发学习的成本降到最低。只要你使用过 React，就可以使用 Taro 来快速开发多端应用，从而降低学习成本，提升开发体验。Taro 基本用法的代码示例如下：

```
import Taro, { Component } from "@tarojs/taro";
import { View, Button } from "@tarojs/components";

export default class Index extends Component {
  constructor() {
    super(...arguments);
    this.state = {
      title: "首页",
      list: [1, 2, 3]
```

```
    };
  }

  componentWillMount() {}

  componentDidMount() {}

  componentWillUpdate(nextProps, nextState) {}

  componentDidUpdate(prevProps, prevState) {}

  shouldComponentUpdate(nextProps, nextState) {
    return true;
  }

  add = e => {
    //do something
  };

  render() {
    return (
      <View className="index">
        <View className="title">{this.state.title}</View>
        <View className="content">
          {this.state.list.map(item => {
            return <View className="item">{item}</View>;
          })}
          <Button className="add" onClick={this.add}>
            添加
          </Button>
        </View>
      </View>
    );
  }
}
```

上面这段代码展示了 Taro 构建多端应用的基本写法，其中包括页面元素、页面数据、组件生命周期。遗憾的是，因为早期 Taro 架构限制，无法完全支持 React 所有的 JSX 语法。为了解决这一问题，Taro 制定了对应的语法规范，关于规范约定的详细内容请参阅 1.4 节的内容。

2. 快速开发小程序

Taro 立足于微信小程序开发。众所周知，微信小程序的开发体验不太友好，如经常会被提及的这些问题：

- 小程序中无法使用 npm 来做第三方库的管理。
- 无法使用新的 ES 规范。

针对这些问题，Taro 改良并提供了以下优秀特性：

- 支持使用 npm/yarn 安装管理第三方依赖。
- 支持使用 ES7/ES8 甚至更新的 ES 规范，一切都可以自行进行配置。
- 支持使用 CSS 预编译器，如 Sass、Less 等。
- 支持使用 Redux、MobX 等进行状态管理。
- 小程序 API 优化，异步 API Promise 化等。

3.支持多端开发转化

Taro 方案是在实践中总结出的快速打造多端开发应用的解决方案。目前通过 Taro 编写的代码能够编译为可以运行在**微信/京东/百度/支付宝/字节跳动/QQ 小程序的快应用、H5 及原生应用（React Native）**。

1.1.3 Taro UI

Taro 解决了跨端开发规范的问题，但依然存在其他问题，如界面一致性。经过社区不断完善，催生出了 Taro UI——提供多端界面风格统一方案。其主要特性如下：

- 基于 Taro 开发的 UI 组件。
- 一套组件可以在**微信/支付宝/百度小程序**、**H5** 多端适配运行（React Native 端暂不支持）。
- 提供优化的 API，可灵活地使用组件。

1.1.4　其他

学习是一个枯燥的过程，在学习 Taro 的过程中，无论你有任何问题或者建议，都可以访问 Taro 官网查找资料或者提出相关建议。如果你经常使用 GitHub，也可搜索 awesome-taro 查看更多学习资源。

1.2　ES 6 常用语法简介

ECMAScript 是 JavaScript 语言标准，ECMAScript 又有多个版本，目前我们使用最多的版本是 ECMAScript 6，简称 ES 6，使用最新语法能够带给我们更顺畅、更高效的开发体验。正因如此，在学习 Taro 或者 React 之前，都应该好好学习一下 ES 6 甚至更新的语法规范，所以本节先整体介绍项目开发中使用最多的一些 ES 6 语法。

1.2.1　变量定义新方式——let、const

曾经，我们只知道 var 可以声明一个变量，并且在项目中大量使用。不知道你是否遇到过类似以下的问题。

1. 声明一个变量后，在下面的代码中又声明了一次，程序依然能够运行

```
var num = 1;
console.log(num); //1
```

```
var num = 2;
console.log(num); //2
```

以上代码在正常情况下的表现差强人意，但如果我们现在在做圆周长的计算，定义了一个变量表示圆周率 π，不幸的是同事也使用了这个变量名。

在理想情况下，我们这样定义变量：

```
var PI = 3.14        //定义圆周率
var d = 1            //定义圆直径
var result = PI * d  //计算圆周长
```

如果同事在开发过程中，也定义了相同的变量名，则会出错。例如：

```
var PI = 3.14        //定义圆周率
var d = 1            //定义圆直径
var PI = 0           //同事定义了一个相同的变量，并且合并时恰巧合在了一起
var result = PI * d  //计算圆周长，肯定不对了
```

在这个需求里，任何时候都不希望 PI 的值发生改变，这样的值在程序中被称为常量，在 ES6 中使用 **const** 声明即可。如果在后面的代码中，const 声明的变量值被修改，则会抛出错误，从而提示开发者。

2. 定义变量前使用这个变量，不会报错，而是会告诉你它是 undefined

```
console.log(num) //undefined
var num = 1;
```

这个问题在面试中也会经常被问及，原因是 var 声明的变量会被提升至作用域顶端，我们把这个特性叫作**变量提升**。这个特性会在开发过程中引入很多问题，因此不建议使用，我们可以使用 let 或 const 声明变量来规避这个问题。

3. 作用域问题

关于作用域问题，有一个很经典的例子。我们通常使用 setTimeout 定时器来定义一个

期望在未来执行的操作，代码如下：

```
for(var i = 0; i < 5; i++) {
  setTimeout(function() {
    console.log(i)
  }, 1000)
}
```

　　执行以上代码，我们期望在 1s 后，打印从 0 到 4 这 5 个数字，但最终输出的结果却是 5 个 5，为什么呢？其实问题出在作用域上，我们可以使用 let 声明变量，从而生成一个暂时性死区，来解决这个问题。代码示例如下：

```
for(let i = 0; i < 5; i++) {
  setTimeout(function() {
    console.log(i)
  }, 1000)
}
```

1.2.2　告别字符串拼接——模板字符串

　　模板字符串是对字符串的增强，使用模板字符串替代普通字符串拼接能提高代码可读性。模板字符串使用反引号（`）标识，除了实现字符串拼接，还能在字符串中使用表达式或者已定义的变量，进一步增强字符串能力。例如：

```
const des1 = 'Hello I am ' +
    'Taro'                              //拼接写法
const des2 = `Hello I am
    Taro`                              //模板字符串

const name = 'Taro'
const msg1 = 'Hello' + name   //拼接写法
const msg2 = `Hello ${name}` //模板字符串
```

1.2.3 优雅获取数组或对象中的值——解构赋值

ES 6 获取已定义数组或对象中的属性更便捷，以前在编写代码时，获取数组或对象中的值的方式如下：

```
const arr = [10, 20]
const arr1 = arr[0]    //获取数组第一个元素

const obj = {name: 'Taro', age: 2}
const name = obj.name //获取对象中的属性
```

使用解构赋值，可以提升代码的可读性。例如：

```
const arr = [10, 20]
const [arr1, arr2] = arr   //arr1 = 10  arr2 = 20

const obj = {name: 'Taro', age: 2}
const {name, age} = obj    //name = 'Taro'
```

深层结构的数组或对象一样可用。例如：

```
const arr = [10, [20]]
const [arr1, [arr2]] = arr //arr1 = 10  arr2 = 20

const obj = {user: {name: 'Taro'}, site: 'https://taro.jd.com'}
const {user: {name}, site} = obj //name = 'Taro' site = 'https://taro.jd.com'
```

rest 元素或属性解构赋值。例如：

```
const arr = [10, 20, 30, 40]
const [arr1, ...arr2] = arr //arr1 = 10 arr2 = [20, 30, 40]


const obj = {name: 'Taro', age: 2, isPublish: 1}
const {name, ...restObj} = obj //name = 'Taro' restObj = {age: 2, isPublish: 1}
```

1.2.4　二次元函数——箭头函数

箭头函数可以更方便快捷地创建一个函数，并且箭头函数中的 this 指向函数定义时所在的上下文环境，规避 this 指向偏移发生的问题。值得一提的是，不能使用箭头函数定义构造器。例如：

```
const fa = (a) => a + 1
//等价于
const fb = function(a) {
  return a + 1
}
```

如果函数体包含多条语句，就需要使用大括号将代码括起来，并使用 return 返回函数值。例如：

```
const fa = (a) => {
  const b = 1
  return a + b
}
```

1.2.5　异步处理——Promise

前端开发时常伴随异步处理，在过去很长一段时间里，都是使用回调函数处理异步操作。假设我们现在停顿一秒计算 1 + 2 得到结果 3，而后停顿一秒计算 3 + 4，如果使用回调函数，可能需要这样编写：

```
function wait(x, y, ms, callback) {
  setTimeout(function() {
    callback(x + y)
  }, ms)
}

wait(1, 2, 1000, function(c) {
  wait(c, 4, 1000, function(result) {
```

```
    console.log(result)
  })
})
```

回调函数嵌套问题如此可见一斑，这个问题叫作回调地狱。为了解决上述问题，ES6 引入了可读性更高的特性支持异步处理，那就是 Promise。Promise 允许使用链式调用方式处理异步队列。使用 Promise 重写上述操作，示例如下：

```
function calc(x, y, ms) {
  return new Promise(function(resolve, reject) {
    setTimeout(function() {
        resolve(x + y)
    }, ms)
  })
}

calc(1, 2, 1000).then(function(c) {
  return calc(c, 4, 1000);
}).then(function(result) {
  console.log(result)
})
```

这样，嵌套的问题是不是解决了，代码的可读性是不是更高了？如果再使用 async，就更易读了，示例如下：

```
async function test() {
  const c = await calc(1, 2, 1000);
  const result = await calc(c, 4, 1000);
  console.log(result);
}

test()
```

有了这些语法特性，更方便处理异步操作，使用 Taro 开发项目时也会经常用到这些语法。

1.2.6 面向对象编程——class

以前的 JavaScript 面向对象编程不纯粹，ES 6 引入了类的概念，是原型继承的另一种书写形式。代码示例如下：

```
class People {
  constructor(name) {
    this.name = name
  }
  say() {
    console.log(this.name)
  }
}

//创建对象
const person = new People('Heyi')
```

有了类的概念，就可以轻松实现继承，例如现在有一个类表示人，我们需要在这个类中派生出一个代表女性的类，使用 extends 关键字即可轻松实现，代码示例如下：

```
class People {
  constructor(name) {
    this.name = name
  }
  say() {
    console.log(this.name)
  }
}

class Women extends People {
  constructor(name) {
    this.name = name
  }

}
```

```
//创建对象
const woman = new Women('Peach')
```

1.2.7　模块化——import、export

ES 6 实现了模块化标准，可以使用 export 导出模块，import 导入模块。例如：

```
//a.js
const PI = 3.14
const area = d => PI * d

export deafult area //导出默认内容

export {PI}        //导出其他内容
    //b.js
import area, {PI} from './a.js' //导入 a.js 中的模块
area(1)
```

以上介绍的相关内容是我们在使用 Taro 开发小程序过程中经常会使用的 ES 6 语法，如果你想了解更多关于 ES 6 的语法知识，可自行查阅相关资料学习。

1.3　开发环境及工具介绍

Taro 项目开发依赖 Node.js 环境，并且要求 Node.js 版本高于 8.0.0，Taro 允许使用大多 npm 中的库，支持更友好的第三方依赖管理。如果你刚接触 Taro，那么推荐使用 Taro 提供的脚手架工具创建项目，同时该工具提供了很多功能，譬如诊断依赖、创建模块、更新包、打包构建等。我们就从安装 Taro 脚手架开始吧！

1.3.1　安装 Taro 脚手架工具

你可以选用 npm 或者 Yarn 全局安装@tarojs/cli，或者使用 npx。不过由于 Node.js 版

本限制等问题，推荐使用 nvm 这一工具来管理 Node.js 版本。

使用 npm 全局安装 Taro 脚手架：

```
npm install -g @tarojs/cli
```

使用 Yarn 全局安装 Taro 脚手架：

```
yarn global add @tarojs/cli
```

安装过程可能会提示 Sass 相关依赖安装错误，这时请终止，然后手动安装 mirror-config-china 后重试。安装命令如下：

```
npm install -g mirror-config-china
```

1.3.2　初始化项目

上一节已经成功安装 Taro 脚手架工具，现在只需一行命令就能创建出基础 Taro 项目了，命令如下：

```
taro init taro-demo
```

如果你的 npm 版本大于 5.2，则可以直接使用 npx 创建项目：

```
npx @tarojs/cli init myApp
```

项目模板及相关配置文件创建完成以后，Taro 会自动安装项目中所需要的相关依赖。为了提升安装速度，Taro 内部会为我们按照 Yarn、cnpm、npm 的顺序检测并选择更快的方式去安装依赖。如果在依赖安装过程中出现错误导致安装终止，则可以进入项目的根目录尝试手动安装。

1.3.3　运行项目

Taro 开发环境的启动命令较多，分别对应不同端的代码编译与调试，但是为了更方便记忆与语义化，Taro 定义了相对一致的开发环境启动命令，以 npm 运行命令为例，如下表所示。

端	开发环境运行命令
微信小程序	npm run dev:weapp
京东小程序	npm run dev:jd
支付宝小程序	npm run dev:alipay
百度小程序	npm run dev:swan
字节跳动小程序	npm run dev:tt
QQ 小程序	npm run dev:qq
H5	npm run dev:h5
快应用	npm run dev:quickapp
React Native（原生 App）	npm run dev:rn

通过以上命令，可以将 Taro 项目编译为不同端开发环境的代码。这时，只需要使用各端（除了 H5）对应的开发工具，打开编译生成的项目文件，即可预览调试。以微信小程序为例：

（1）运行针对微信小程序的编译命令：npm run dev:weapp。

（2）使用微信小程序开发工具，打开该项目目录下的 dist 文件夹，即可在微信小程序开发者工具中进行预览与调试。

如果你需要同时调试预览多端应用，则需要修改项目下的 config/index.js 文件，配置 outputRoot 参数：

```
const config = {
  outputRoot: `dist/${process.env.TARO_ENV}`
}
```

注：Taro 1.3.5+支持该配置，请确保项目中各端打包与编译相关的依赖版本和 @tarojs/cli 版本一致。

1.3.4　打包项目

Taro 的打包命令同样有多个，也分别对应不同端的线上环境代码生成。为了方便记忆与语义化，Taro 定义了相对一致的打包线上环境的代码命令，以 npm 为例，如下表所示。

端	开发环境运行命令
微信小程序	npm run build:weapp
京东小程序	npm run build:jd
支付宝小程序	npm run build:alipay
百度小程序	npm run build:swan
字节跳动小程序	npm run build:tt
QQ 小程序	npm run build:qq
H5	npm run build:h5
快应用	npm run build:quickapp
React Native（原生 App）	npm run build:rn

通过以上命令，可以将 Taro 项目编译为不同端线上环境的代码，这时只需要使用各端（除了 H5）对应的开发工具发布项目即可。打包生成线上环境的代码相较运行本地开发环境的代码，做了更多优化相关的处理，例如 JavaScript 代码压缩丑化等。

1.3.5　Taro 脚手架命令

Taro 脚手架提供了很多功能辅助我们开发，可使用 taro --help 查看 Taro 脚手架工具的相关提示。这里给大家讲解开发过程中常使用的几个命令，更多命令可前往 Taro 官网查看学习。

1. 更新——update

该命令用来更新项目中的 Taro 相关依赖或者更新自身的脚手架工具。

更新项目依赖：

```
taro update project [version]
```

如果用以上方法更新项目依赖失败，则可尝试修改 package.json 文件指定对应的依赖版本，然后使用 npm 或 Yarn 手动安装。

更新脚手架：

```
#taro 更新
taro update self [version]
#使用 npm 更新
npm i -g @tarojs/cli@[version]
#使用 Yarn 更新
yarn global add @tarojs/cli@[version]
```

注：以上[version]为选填项，通过执行对应的版本号，安装或更新至对应的版本。

2. 环境及依赖信息——info

该命令用来检测 Taro 环境及依赖的版本等信息，从而方便开发者查看项目环境及依赖，更便捷地排查因开发环境引起的问题。用法如下：

```
taro info
```

命令执行完毕，会打印出项目的相关信息，示例如下：

```
Taro v2.2.4

  Taro CLI 2.2.4 environment info:
    System:
      OS: macOS 10.15.5
      Shell: 5.7.1 - /bin/zsh
    Binaries:
      Node: 12.16.3 - ~/.nvm/versions/node/v12.16.3/bin/node
      Yarn: 1.22.4 - ~/.nvm/versions/node/v12.16.3/bin/yarn
      npm: 6.14.4 - ~/.nvm/versions/node/v12.16.3/bin/npm
    npmPackages:
```

```
@tarojs/async-await: 2.1.6 => 2.1.6
@tarojs/components: 2.1.6 => 2.1.6
@tarojs/components-qa: 2.1.6 => 2.1.6
@tarojs/mini-runner: 2.1.6 => 2.1.6
@tarojs/redux: 2.1.6 => 2.1.6
@tarojs/redux-h5: 2.1.6 => 2.1.6
@tarojs/router: 2.1.6 => 2.1.6
@tarojs/taro: 2.1.6 => 2.1.6
@tarojs/taro-alipay: 2.1.6 => 2.1.6
@tarojs/taro-h5: 2.1.6 => 2.1.6
@tarojs/taro-qq: 2.1.6 => 2.1.6
@tarojs/taro-quickapp: 2.1.6 => 2.1.6
@tarojs/taro-rn: 2.1.6 => 2.1.6
@tarojs/taro-swan: 2.1.6 => 2.1.6
@tarojs/taro-tt: 2.1.6 => 2.1.6
@tarojs/taro-weapp: 2.1.6 => 2.1.6
@tarojs/webpack-runner: 2.1.6 => 2.1.6
eslint-config-taro: 2.1.6 => 2.1.6
eslint-plugin-taro: 2.1.6 => 2.1.6
nerv-devtools: ^1.5.6 => 1.5.6
nervjs: ^1.5.6 => 1.5.6
stylelint-config-taro-rn: 2.1.6 => 2.1.6
stylelint-taro-rn: 2.1.6 => 2.1.6
taro-ui: ^2.3.4 => 2.3.4
```

这样一来，我们可以发现当前使用的 Taro 脚手架工具版本为 2.2.4。但项目中的依赖版本却是 2.1.6，此时需要更新项目依赖，以保证与 Taro 脚手架工具版本一致，更新命令为：

```
taro update project 2.2.4
```

3.　项目诊断——doctor

该命令可以诊断项目的依赖、设置、结构及代码的规范是否存在问题，诊断结束后会尝试给出对应问题的解决方案。使用示例如下：

```
taro doctor
```

1.4 规范约定

我们提到 Taro 和 React 并没有直接联系，Taro 支持 JSX 等语法规范得益于 Nerv 框架，而 Nerv 与 React 支持的语法特性略有偏差，因此开发之前我们约法三章，以规避一些开发过程中可能遇到的问题。

1.4.1 项目组织

项目组织有很多方案，以下所列建议为最佳实践方案。

1. 文件组织

所有项目的源码都放在项目的根目录 src 下，项目所需的最基本文件包括入口文件和页面文件。

- 入口文件为 app.js。
- 页面文件建议放置在 src/pages 目录下。

一个可靠的 Taro 项目可以按照如下方式进行组织：

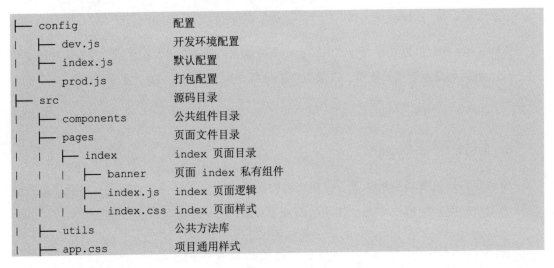

```
├── config              配置
│   ├── dev.js          开发环境配置
│   ├── index.js        默认配置
│   └── prod.js         打包配置
├── src                 源码目录
│   ├── components      公共组件目录
│   ├── pages           页面文件目录
│   │   ├── index       index 页面目录
│   │   │   ├── banner      页面 index 私有组件
│   │   │   ├── index.js    index 页面逻辑
│   │   │   └── index.css   index 页面样式
│   ├── utils           公共方法库
│   ├── app.css         项目通用样式
```

```
|   └── app.js                项目入口文件
└── package.json
```

2. 文件命名与文件后缀名

（1）在 Taro 项目中，普通 JavaScript 或 TypeScript 文件以小写字母命名，多个单词之间以下画线连接，如 util.js、util_helper.js。

（2）在 Taro 项目中，组件文件命名遵循 Pascal 命名法，如 ReservationCard.jsx。

（3）在 Taro 项目中，普通 JavaScript 或 TypeScript 文件以.js 或者.ts 为文件后缀名。

（4）在 Taro 项目中，组件以.jsx 或者.tsx 为文件后缀名。这不是强制约束，只是作为一个实践的建议。如果你希望组件以.js 或者.ts 为文件后缀名，也依然可行。

1.4.2　JavaScript / TypeScript 书写规范

关于 JavaScript / TypeScript 书写规范，可以使用 Eslint 做代码规范检查。在项目创建时，Taro 就已经创建了.eslintrc 文件并安装了 Eslint，你在开发过程中遵循提示即可。若 Taro 创建的.eslintrc 文件中定义的规范不能完全满足你的需求，你也可以查阅 Eslint 配置文档，根据团队制定的规范，配置规范约定。以下是.eslintrc 配置片段：

```
{
 "extends": ["taro"],
 "rules": {
   "no-unused-vars": ["error", { "varsIgnorePattern": "Taro" }],
   "react/jsx-filename-extension": [1, { "extensions": [".js", ".jsx", ".tsx"] }],
   /*

    通用规则

   */
   //缩进: 使用 2 个空格
   "indent": ["error", 2, { "SwitchCase": 1}],
   "import/no-commonjs": ["off"],
```

```
//换行: unix (\n for LF) windows (\r\n for CRLF)
"linebreak-style": ["error", "unix"],
//jsx 引号问题
"jsx-quotes": ["error", "prefer-double"],
/*
    ......
*/
/*


  reactJSX 规则配置


*/
//propsTypes 声明：关闭
"react/prop-types": ["off"],
//标签空格：结束标签 `/`无前空格，自闭标签 `/`需要前空格、标签开始 `<`无后空格、标签结束 `>`前
空格不限制
"react/jsx-tag-spacing": ["error", {
  "closingSlash": "never",
  "beforeSelfClosing": "always",
  "afterOpening": "never",
  "beforeClosing": "allow"
}],
},
  "parser": "babel-eslint"
}
```

1.4.3 组件及 JSX 书写规范

- 使用两个空格进行缩进，不要混合使用空格与制表符作为缩进。
- JSX 属性均使用单引号。
- 多个属性，多行书写，每个属性占用一行，标签结束另起一行。
- 当标签没有子元素时，始终使用自闭合标签。
- 终始在自闭合标签前面添加一个空格。

- 属性名称始终使用驼峰式命名法。
- 用括号包裹多行 JSX 标签。
- Taro 组件中包含类静态属性、类属性、生命周期等类成员，其书写顺序最好遵循以下约定（顺序从上至下）：
  - static 静态方法
  - constructor
  - componentWillMount
  - componentDidMount
  - componentWillReceiveProps
  - shouldComponentUpdate
  - componentWillUpdate
  - componentDidUpdate
  - componentWillUnmount
  - 事件处理，如 handleClick
  - render

以上规范约定只是官方建议，开发者在具体使用过程中可根据公司团队或社区提供的规范来制定约束，由于内容较多且属于基本知识，因此这里只进行简单介绍。如果想查看学习书写规范的相关内容，可参阅 Taro 官方文档中关于书写规范部分的内容。

1.5 本章小结

本章介绍了 Taro 的诞生背景、基本理念及主要特性，同时介绍了使用 Taro 进行开发前需要掌握的 ES 6 常用的语法知识、Taro 脚手架及规范约定。相信大家已经对使用 Taro 开发跨端应用有了基本认识。从第 2 章开始，我们正式进入 Taro 开发基础与最佳实践的讲解。

第 2 章

Taro 基础

本章内容围绕 Taro 基础知识展开，主要包括以下内容：

- JSX
- 组件化
- 组件生命周期
- 事件处理
- 路由功能
- 实战案例：受控与非受控 Input 组件开发

学习完本章内容，你将基本掌握 Taro 的基础核心知识点。实战案例引导大家掌握组件状态设计与用户交互实现方法，从而深刻理解组件状态的设计思想。

2.1　JSX

2.1.1　JSX 简介

JSX 是 JavaScript XML 的缩写，是一种用来描述 UI 的 JavaScript 语法糖（Syntactic Sugar），Taro 支持使用该语法来描述组件的 UI 表现。初学 JSX，你可能会抱怨该语法的零散与随意，无法理解在 JavaScript 代码中直接书写 HTML 代码。如果你此前使用原生 JavaScript 或 jQuery 开发过大型应用，则你一定会抱怨代码耦合度过高、代码可维护性差、团队协同效率低，而正确使用 JSX 能很好地解决这些问题。初学时，你所谓的这些缺点正是它的优点，写法随意，可读性更好，更有利于组件封装与复用，特别是结合 Hooks 使用，可以轻松做到状态与视图解耦合，从而使组件复用"更上一层楼"。

2.1.2　JSX 语法

1. 基础语法

JSX 通俗理解就是支持在 JavaScript 代码中书写 HTML 代码，将 JavaScript 交互操作与 HTML 界面定义完美结合。我们来看使用 JSX 的一段简单的代码：

```
const Header = (
   <View>I am Header component</View>
)
```

通过以上代码，我们惊奇地发现，可以将类似 HTML 代码片段赋值给一个变量，这种语法就是 JSX。

注：此处列举的 View 是 Taro 提供的视图组件，暂且可以将该组件理解为 HTML 中的 div 元素。关于组件的具体内容请查看下节内容。

2. 值渲染与计算

既然是 JavaScript 与 HTML 的完美结合，也就是说，我们还可以在类似 HTML 代码片段中使用 JavaScript 变量或执行运算等，在 HTML 中使用 JavaScript 变量的示例如下：

```
const name = 'Taro'
const Header = (
    <View>I am {name}</View>
)
```

在 HTML 中执行运算：

```
const Content = (
    <View>1 + 2 = {1 + 2}</View>
)
```

通过以上两个实例不难发现，在类似 HTML 代码片段中使用 JavaScript，只需使用{}操作符即可。可以理解为{}中的内容是需要交给 JavaScript 去计算并输出最终结果的。

3. 属性

我们在编写 HTML 代码时，经常会在标签中定义很多属性，例如：

- class，指定类名。
- style，定义标签样式。
- ⋯⋯

在 JSX 语法中同样可以定义属性，但值得一提的是，class 等众多 DOM 属性在 JavaScript 中是关键字或保留字，所以不能使用。例如，在书写 JSX 时需要用 className 代替 class，因为 class 在 JavaScript 中为关键字：

```
const Header = (
    <View className="my-header"></View>
)
```

4．条件渲染

有时组件 UI 需要根据特定条件渲染特定内容，例如定义了一个变量 flag，当变量为 true 时，页面显示"真"；当变量为 false 时，页面显示"假"：

```
const flag = true;
const Content = (
    <View>{flag ? '真' : '假'}</View>
)
```

5．列表渲染

使用诸如数组结构数据时，需要遍历数据计算的最终 UI 结果。例如定义了一个数组变量 fruits，数组中包含 apple、peach、pear，遍历该数组并返回结果：

```
const fruits = ['apple', 'peach', 'pear'];
const Content = (
    <View>
    {fruits.map(fruit => <View key={fruit}>{fruit}</View>)}
  </View>
)
```

注：列表渲染一定要在生成的每一项中都添加唯一的 key。

2.2　组件化

长期以来，前端开发者都在探索如何更好地管理项目模块，都在思考如何设计各模块中类似的 UI 及逻辑以达到高效复用的目的。早期我们通过定义通用代码文件，在项目中通过 script 标签引入方式完成复用，这种方式确实能在一定程度上实现通用代码复用、对应模块版本管理等需求，但在大型项目中，这种方式会显得很脆弱，模块之间的依赖管理能力欠缺。后来，有了 Bower、Grunt、Gulp 等，解决了模块文件或依赖间的控制问题。再后来，有了 Webpack，有了各种模块化规范，如 AMD、CMD、Commonjs、ES module

等，前端开发才进入一个新的世纪。一路进化，最终组件化、MVC、面向对象编程、函数式编程等思想才得以迸发。

2.2.1 初识组件

首先来看一个例子，下图是京东商城首页，我们站在开发者的角度来分析一下这个网页的页面结构。

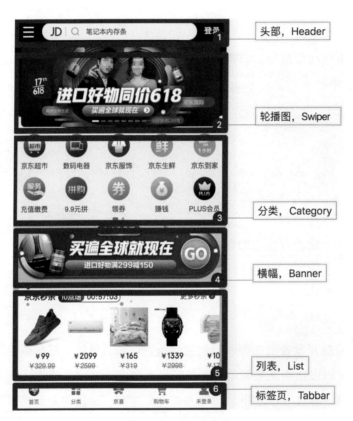

在使用 Taro 开发这个页面时，首先考虑将页面内容拆分为图中标注的 6 个模块，设计好模块间的数据与 UI 交互之后，便可以单独开发每个模块，最终组合各个模块，完成开发。这里拆解的 6 个部分，正是 6 个独立组件。

2.2.2　组件定义

Taro 中的组件分为两种，一种是基于类创建的组件，被称为**类组件**；一种是基于函数创建的组件，被称为**函数组件**。

1. 类组件

定义类组件是一件很容易的事情，你只需要定义一个类，这个类继承自 Taro.Component，且在组件中定义 render 方法并返回值即可，代码示例如下：

```
import Taro from '@tarojs/taro'
import { View } from '@tarojs/components'

class Header extends Taro.Component {
  render() {
    return <View>I am Header class component</View>
  }
}
```

当然，还有为了做优化提供的另一种类组件，关于该组件的原理与用法，我们将在实战优化部分进行详细介绍，代码示例如下：

```
import Taro from '@tarojs/taro'
import { View } from '@tarojs/components'

class Header extends Taro.PureComponent {
  render() {
    return <View>I am Header pure class component</View>
  }
}
```

2. 函数组件

函数组件相较于类组件，定义更便捷，使用更灵活，尤其搭配 Hooks 使用能够在某些场景下替代类组件。函数组件的定义如下：

```
import Taro from '@tarojs/taro'
import { View } from '@tarojs/components'

function Header() {
  return <View>I am Header function component</View>
}
```

或者使用箭头函数，写法如下：

```
import Taro from '@tarojs/taro'
import { View } from '@tarojs/components'

const Header = () => <View>I am Header function component</View>
```

注：在组件中，无论是否使用 Taro 这个对象，都应该将@tarojs/taro 包引入。无论组件返回值多么简单，都尽量使用@tarojs/components 提供的组件包裹，而不应该直接返回数字或字符串等。

定义好组件后，最终需要将最上层组件也就是根组件挂载到 DOM 节点上：

```
import Taro from '@tarojs/taro'
import { View } from '@tarojs/components'

class App extends Taro.Component {
  render() {
    return <View>Hello Taro !</View>
  }
}

Taro.render(<App />, document.getElementById('app'))
```

为了方便讲解，后续章节将统一使用类组件，当然我们也会在 Hooks 章节详细介绍函数组件的知识。

2.2.3　props

很多时候，组件中使用的某些数据可能需要外部提供，就像我们使用 HTML 中的图片标签时，需要设置 src 属性才能显示对应图片。假如现在定义了一个名叫 Timg 的类似图片 img 的组件，组件内部应该怎样获取外部传入的属性数据并使用呢？答案是使用 props，代码示例如下：

```
import Taro from '@tarojs/taro'
import { View, Image } from '@tarojs/components'

class Timg extends Taro.Component {
  render() {
    return (
      <View>
        <View>我是自定义图片组件</View>
        <Image src={this.props.src} />
      </View>
    )
  }
}

class App extends Taro.Component {
  render() {
    return <Timg src="https://nervjs.github.io/taro/img/logo-taro.png" />
  }
}
```

效果如下图所示。

通过 props，可以将数据传递给组件，组件内部通过 this.props 获取对应的属性数据，渲染即可。

有时，某些属性数据并不一定是外部必须传入的，因此我们在定义组件时，可以设置默认属性数据，如上例：

```
    Timg.defaultProps = {
  src: "https://nervjs.github.io/taro/img/logo-taro.png"
}
```

若在使用 Timg 组件时不传入 src 属性，则 Timg 组件会使用我们通过 defaultProps 设置的 src 属性的默认数据渲染页面。反之，Timg 组件会使用外部传入的 src 属性数据进行渲染。

2.2.4   state

组件中还有一类数据，它具备以下几个特征：

- 数据私有，仅供组件内部使用。
- 数据需要根据某些操作发生更改，并触发视图更新。

这些特征正是组件状态 state 期望具备的，满足这些特征的数据一般都要考虑放入组件状态 state 中。

我们现在想设计一个组件，组件中有一个状态 count，该值每过一秒增加 1，并在增加后显示在页面中。代码设计如下：

```
class Counter extends Taro.Component {
  state ={
    count: 0  //count 状态
  }

  componentDidMount() {
    setInterval(() => {
      this.setState({
```

```
      count: this.state.count + 1
    })
  }, 1000)
}


render() {
  return <View>{this.state.count}</View>;
}
}
```

通过这个示例，我们可以总结出 state 的用法：

- 类组件中有一个名叫 state 的预定义属性，该属性为对象，对象中记录了关于该组件的所有状态。如上例中，状态 count 的初始值为 1。
- 在需要更改这个状态时，调用组件的 setState 方法，这个方法继承自 Taro.Component。
- 在 JSX 中，通过 this.state 获取对应状态值并使用。

注：任何时候都不要通过赋值的形式直接修改 state，如上例中，this.state.count = this.state.count + 1 这种赋值方式是错误的，正确的操作应该是用 this.setState 更新指定状态。

2.2.5　样式

看了以上与组件相关的例子，对于组件，你是否有种似曾相识的感觉？其实从某种角度来看，组件类似 HTML 中的标签，这样类比后，关于组件的很多问题都能迎刃而解。组件中样式的使用方法和 HTML 中一致，也分为两种：内联样式和外部样式。

1. 内联样式

组件的内联样式通过 style 属性指定。与 HTML 标签的 style 属性不同的是，组件的 style 属性接收一个对象：

```
import Taro from '@tarojs/taro'
import { View } from '@tarojs/components'
class Counter extends Taro.Component {
  render() {
    return (
      <View
        style={{
          width: 100,
          height: 100,
          color: "#000000",
          backgroundColor: "#FFFFFF",
        }}
      >
        Hello Taro
      </View>
    );
  }
}
```

使用内联样式需要注意以下几点：

- 如果不指定尺寸单位，则会默认解析为 px，如前面代码中的 width: 100，会被解析为 width: '100px'。
- 属性名改为驼峰式命名，如 background-color 改为 backgroundColor。

2. 外部样式

外部样式可以使用 CSS、Less、Sass 等文件定义样式，然后在对应的模块文件中引入。我们以 Less 为例：

```less
//index.less
.box {
  width: 100px;
  height: 100px;
  color: #000000;
  background-color: #FFFFFF;
```

```
}

//index.jsx
import Taro from '@tarojs/taro'
import { View } from '@tarojs/components'
import './index/less'

class Counter extends Taro.Component {
  render() {
    return (
      <View className="box">Hello Taro</View>
    );
  }
}
```

注：我们前面就有提到，因为 class 为 JavaScript 关键字，不能出现在 JSX 中，所以需要使用 className 替代 class。

2.3　组件生命周期

组件从创建到销毁所经历的整个过程是组件的一生——生命周期。人类从出生到死亡会经历很多人生阶段，Taro 也为组件划分了不同阶段，方便开发者在组件的不同阶段执行不同操作。一般而言，组件生命周期大致分为 3 个阶段：挂载、更新、卸载。

与生命周期相关的方法如下：

- static
- constructor
- componentWillMount
- componentDidMount
- componentWillReceiveProps
- shouldComponentUpdate

- componentWillUpdate

- componentDidUpdate

- componentWillUnmount

- render

2.3.1 组件挂载

初次渲染时，需要将组件挂载至对应的 DOM 节点上，这个阶段主要经历了组件实例化、组件将要挂载、组件渲染、组件挂载完毕，对应的生命周期方法如下表所示。

方法名	说　　明
constructor	ES 6 类的构造方法，在类组件被创建时调用
componentWillMount	组件挂载到 DOM 前被调用，在整个生命周期中只会被调用一次
render	定义组件时必须定义的一个方法，该方法必须有返回值，且该返回值被用来描述该组件的 UI 表现。该方法会在组件状态或组件属性变化时被调用
componentDIdMount	组件挂载到 DOM 后被调用，在整个生命周期中只会被调用一次

2.3.2 组件更新

组件被挂载到 DOM 以后，组件的 props 或 state 发生更改时会引起组件的更新，通常 props 变化是因外部变化引起的，state 变化是因组件内部调用了 setState 引起的。这个阶段主要经历了组件接收 props、组件是否需要更新、组件将要更新、组件渲染、组件更新完毕。对应的生命周期方法如下表所示。

方　法　名	说　　明
componentWillReceiveProps	组件 props 发生更改时被调用，由函数参数可以得知 props 变成了什么，在该方法中可以同时获得组件当前的 props 值和将要更改为的 props 值
shouldComponentUpdate	该方法可以决定组件是否真的执行更新。也就是说，就算组件的 props 或 state 更改了，但发生的更改并不满足所期望的更新条件，就可以在这个方法中终止本次更新

方 法 名	说　　明
componentWillUpdate	组件更新前被调用
render	返回新的 UI
componentDidUpdate	组件更新完成后被调用

2.3.3　组件卸载

这个阶段只有一个生命周期方法——componentWillUnmout，却也是很多人会选择忽略的一个方法。有时组件被卸载后，组件相关的内容并没有被清除"干净"，例如组件中定义的定时器，需要在组件卸载时被清除。在 2.2 节关于组件状态的讲解中，定义了一个随时间变化的数字显示组件，定时器在组件挂载阶段被定义，而组件卸载时并没有清除这个定时器，我们对这部分代码进行优化：

```
class Counter extends Taro.Component {
  state = {
    count: 0,
  };

  componentDidMount() {
    this.timer = setInterval(() => {
      this.setState({
        count: this.state.count + 1,
      });
    }, 1000);
  }

  //组件卸载前，清除定时器
  componentWillUnmount() {
    clearInterval(this.timer);
  }

  render() {
```

```
    return <View>{this.state.count}</View>;
  }
}
```

对于初学者，类组件的生命周期概念晦涩难懂，甚至会出现错用、滥用的情况。庆幸的是，函数组件不存在上面列举的烦琐生命周期方法，函数组件的生命周期可使用 Hooks 实现。

2.4　事件处理

1. 基本使用

Taro 元素的事件处理和 DOM 元素的很相似。但是有一点语法上的不同，Taro 的事件绑定属性均以 on 开头且为驼峰式命名，事件属性的值为函数。下面做一个简单对比。

HTML 为元素绑定事件的写法，示例如下：

```
//js
const handleClick = function() {
  console.log('Hello')
}
//html
<button onclick="handleClick">Taro</button>
```

Taro 为组件绑定事件的写法，示例如下：

```
class Popper extends Component {
  constructor () {
    super(...arguments)
  }


  handleClick() {
    console.log('Hello')
  }
```

```
render () {
  return (
    <button onClick={handleClick}>Taro</button>
  )
}
}
```

在 Taro 中，事件处理函数的参数中，同样可以获取事件对象，通过事件对象可以进行事件操作，如阻止事件冒泡，代码示例如下：

```
class Popper extends Component {
  constructor () {
    super(...arguments)
  }

  handleClick(ev) {
    ev.stopPropagation()
    console.log('Hello')
  }

  render () {
    return (
      <button onClick={handleClick}>Taro</button>
    )
  }
}
```

2. 为事件处理函数传参

假如在一个列表中，列表的每一项都有一个"删除"按钮，单击"删除"按钮删除对应的数据：

```
class Popper extends Component {
  constructor () {
    super(...arguments)
```

```
    }

      deleteRow(id, ev) {
      ev.stopPropagation()
      console.log('Hello')
    }

    render () {
      return (
          <button onClick={this.deleteRow.bind(this, id)}>Delete Row</button>
      )
    }
}
```

本例使用函数的 bind 方法解决 this 指向问题，当然我们还可以使用箭头函数：

```
<button onClick={ev => this.deleteRow(id, ev)}>Delete Row</button>
```

或者使用函数柯里化思想：

```
class Title extends Component{

  handleClick = (index) => (e) => {
    e.stopPropagation()
    this.setState({
      currentIndex: index
    })
  }

  render() {
    const current = 1
    return (
      <View onClick={this.handleClick(current)}>
        Taro
      </View>
    )
  }
```

```
}
```

上例中，单击 View 组件会调用 this.handleClick(current)，该函数调用后会返回一个新的函数，在这个函数中可以访问 current 值，同时能保证 this 指向的是当前 Title 组件。

3. 自定义事件

有时存在这样的需求，期望组件内部的状态变化或操作能够传达给上层，这种需求通常被称为父子组件之间的通信，父组件期望子组件某个事件触发时，父组件执行某些特定操作。需要注意的是，自定义事件的属性名一定要以 on 开头，并采用驼峰式命名法，示例如下：

```
class Tabbar extends Taro.Component {
  handleTabbarClick() {
    //获取通过 props 传入的自定义事件
    const { onTabClick } = this.props
    console.log('tab 被点击了')
    //判断，如果传递了该事件 props，则调用
      if(onTabClick) onTabClick()
  }
  render() {
    return <View onClick={this.handleTabbarClick}>tabbar</View>
  }
}

class App extends Taro.Component {
  handleTabChange() {
    console.log('tab 被点击，父组件收到该信息')
  }
  render() {
    return <Tabbar onTabClick={this.handleTabChange}/>
  }
}
```

2.5　路由功能

路由的职责是通过给定路径，匹配与之对应的模块视图。在Taro中，路由的相关定义与微信小程序保持一致，路由功能是默认提供的，不需要开发者进行额外的路由配置。

1. 基本使用

使用路由功能前，我们需要在入口文件的 config 配置中指定好 pages，然后就可以在代码中通过 Taro 提供的 API 来跳转到目的页面了，配置示例如下：

```jsx
//App.jsx
class App extends Component {
  config = {
    pages: [
      'pages/index/index',
      'pages/detail/index',
    ],
    window: {
      backgroundTextStyle: 'light',
      navigationBarBackgroundColor: '#fff',
      navigationBarTitleText: 'WeChat',
      navigationBarTextStyle: 'black'
    }
  }

  render () {
    return (
      <Index />
    )
  }
}
```

这样在 Index 页面就可以使用 Taro 提供的 API 进行路由跳转了，示例如下：

```
//跳转到 Detail 页面，跳转过去后具备回退功能
Taro.navigateTo({
```

```
  url: '/pages/detail/index'
})

//重定向到 Detail 页面，并清除以前的路由历史，无法回退
Taro.redirectTo({
  url: '/pages/detail/index'
})
```

2. 路由携带参数

我们可以通过在所有跳转的 URL 后面添加查询字符串参数，从而将参数携带至跳转后的页面，例如：

```
//携带参数 id=2&type=test
Taro.navigateTo({
  url: '/pages/detail/index?id=2&type=test'
})
```

跳转至目标页面后，我们通过 Taro Component 对象上已经定义的$router 获取对应的参数，示例如下：

```
class Detail extends Taro.Component {
  constructor (props) {
    super(props)
    console.log(this.$router.params) //输出{ id: '2', type: 'test' }
  }
}
```

Taro 提供的与路由操作相关的方法如下表所示。

方　　法	描　　述
Taro.switchTab	跳转到 tabBar 页面，并关闭其他所有非 tabBar 页面
Taro.reLaunch	关闭所有页面，打开应用内的某个页面
Taro.redirectTo	重定向到某个页面，并清除以前的路由历史，无法回退。不允许跳转到 tabBar 页面

续表

方　　法	描　　述
Taro.navigateTo	保留当前页面，跳转到应用内的某个页面。不能跳到 tabBar 页面。使用 Taro.navigateBack 可以返回原页面。小程序中的页面栈最多十层
Taro.navigateBack	关闭当前页面，返回上一页面或多级页面。可通过 getCurrentPages 获取当前的页面栈，决定需要返回几层

2.6　实战案例：受控与非受控 Input 组件

表单处理是项目中比较常见的功能，表单操作看似比较简单，其实大有学问。本节以 Input 组件为例，简单介绍状态管理、表单数据存储及事件处理之间的关联设计。

开始之前，我们先思考以下两种场景：

（1）Input 框中的值在更改后期望被记录，然后在提交时拿出记录的值并传输给后端。

（2）操作过程中不额外存储 Input 框的值，而是在提交时直接获取 Input 框的值并传输给后端。

场景一为什么需要记录输入框的值呢？因为有其他地方尝试修改 Input 框的值，还不如页面中有表单的一键清空操作；场景二是相对于场景一较为简单的表单操作，事先我们知道 Input 框中的值不会在其他地方引起更改，所以我们无须存储 Input 框中的值。场景一实现的 Input 组件是**受控表单**，场景二实现的是**非受控表单**。下面来看代码示例。

1. 受控 Input 组件

```
class ControlledInput extends Component {
  state = {
    //定义状态存储表单数据
    inputValue: ''
  }
  render() {
    return (
```

```
  <View>
    <Input
      value={this.state.inputValue}
      //当 Input 框失去焦点时，将值记录到状态中
      onBlur={(ev) => this.setState({ inputValue: ev.target.value })}
    />
    <Button
      //清空，将状态设为''
      onClick={() => this.setState({ inputValue: "" })}
    >清空</Button>
    <Button
      //提交获取状态中存储的值
      onClick={() => console.log(`数据提交后台：${this.state.inputValue}`)}
    >
      提交
    </Button>
  </View>
  );
  }
}
```

　　上例是比较经典的受控表单处理问题，重点知识通过代码注释标注。主要思路是：当组件初始化时，设置 Input 框的初始值为''。在 Input 框中键入数据后，失去焦点，则通过事件对象获取值，并将该数据设置到状态中。当提交事件被触发时，从状态中获取 Input 框的值并传输给后台，完成表单提交操作。

2. 非受控 Input 组件

```
class UncontrolledInput extends Component {
  constructor(props) {
    super(props);
    //创建一个 Ref 引用，用于引用 Input 组件实例中的值或方法
    this.inpRef = Taro.createRef();
  }
```

```
//数据提交处理函数
//需要注意的是，此处为 H5 环境的源码，小程序无法通过这种方式获取值
handleSubmit = () => {
  console.log(this.inpRef.current.inputRef.value);
};


render() {
  return (
    <View>
      <Input
        //指定 Input ref
        ref={this.inpRef}
      />
      <Button onClick={this.handleSubmit}>提交</Button>
    </View>
  );
}
}
```

上例是比较经典的非受控表单处理问题，重点知识通过代码注释标注。主要思路是：当组件初始化时，创建用于引用 Input 组件实例的对象，该对象可以使用 Input 组件内部的方法或获取 Input 内部的值（Value）。当提交事件被触发时，通过 inpRef 获取 Input 组件实例中的值并传输给后台，完成表单提交操作。

2.7　本章小结

本章介绍了 JSX 语法基础，包括组件化开发基本思想、组件生命周期、组件中事件的处理，以及如何绑定事件、如何解决 this 指向问题等。了解了单个页面开发以后，我们可以尝试将多个页面有机组合，这时就需要使用路由功能了。路由系统将各个模块通过路径和路径参数编织成网，路由操作允许你在网的节点之间穿梭。最后以表单控件串联起了本章学习的重要内容，举一反三。下一章我们将更深入地学习组件开发与组件设计思想。

第 3 章

Taro 进阶

本章将深入探讨 Taro 组件化开发内容，组件化带给我们友好开发体验的同时，带来了很多问题，诸如：

- 组件设计原则与分类问题。
- 深层组件状态传递问题。
- 组件通信问题。
- 引用问题。

本章内容将围绕以上问题展开，学习完本章你会对组件设计有更深入的认识，为以后编写出更易读、可维护性更高的应用奠定基础。

3.1　组件设计

你也许听过这样一句话：总体大于部分之和。以往我们对这句话都是不假思索地给予肯定，但在我们要讲的组件设计这个场景下，总体带来的收益并不一定大于部分之和，这里的收益包括开发效率、代码可读性、代码可维护性等。初学者经常会犯一个致命的错误——过早设计与优化。曾有刚入职公司的实习生问笔者，组件到底应该怎么设计，什么时候应该进一步拆分组件，拆分组件的时候应该如何考虑状态问题。其实针对这些问题并没有绝对的答案，但是有几个基本原则可以在组件设计时借鉴。

1. 单一职责

相信学习过面向对象编程的读者都知道面向对象编程的设计原则，其中就有**单一职责**，定义为：一个类发生变化的原因只应该有一个。将这个定义放在函数式编程中就可以描述为：一个函数只应该有一个自变量（参数），应变量只随这一个自变量变化。在 Taro 中，组件即模块。

单一职责要求在设计组件时做到"单一"，这一点我们大多时候都能满足，而其中的难点在于组件单一的粒度：粒度太大不好复用，粒度太小会导致定义大量模块，从而让项目变得难以管理。所以需要把握好单一的度。

遵循单一职责所设计出的组件具有以下特点：

- 组件复杂度降低。
- 与其他组件的耦合度降低。
- 可复用性提高。

2. 高内聚，低耦合

高内聚要求一个组件有一个明确的组件边界，组件将包容相关紧密联系的内容，实现

"专一"功能。**低耦合**要求与其他组件的关联性最小。当然本条原则需要依赖第一条，只有考虑单一职责设计出的组件才能预知组件边界，实现高内聚，降低与其他组件的关联性，实现低耦合。

3. 性能与优化

以上两点主要从上层设计层面分析了组件设计需要遵循的基本原则，在完成以上两步设计后，还需要考量以下几点：

- 基于性能选择合适组件：无状态组件>有状态组件> class 组件。
- 最小化 props。
- 如果不是已经确定的组件完整形态，请不要过早优化。

3.2　组件通信

上一节我们了解了组件的设计思想，组件在被设计出来以后不是孤立的，也需要"交往"。例如下面的组件结构：

```
<MyContent>
    <MySide />
  <MyList />
</MyContent>
```

MyContent 与 MySide 的关系被称为父子组件关系，MySide 与 MyList 的关系被称为兄弟组件关系。有时可能在 MySide 中的操作需要通知 MyList，或者 MySide 中的操作需要通知 MyContent，这一需求背后正是父子组件或兄弟组件之间的通信。

3.2.1　父子组件通信

一般而言，父子组件之间的通信通过事件完成，即在父组件定义事件处理函数，将这个函数作为 props 传递给子组件，就能实现指定子组件的操作通知到父组件。示例如下：

```
class Demo extends Taro.Component {
  handleChange(res) {
    console.log(res)
  }
  render() {
    return (
      <MyContent>
      <MySide onChange={this.handleChange}/>

    </MyContent>
    )
  }
}
```

上例说明了子组件操作触发父组件的逻辑处理。那么父组件的操作触发子组件的更新呢？便是通过 props 了，父组件数据更新后，通过 props 告知子组件，示例如下：

```
class Demo extends Taro.Component {
  state = {
    count: 0
  }
  render() {
    return (
      <MyContent>
      <MySide count={this.state.count}/>

    </MyContent>
    )
  }
}
```

这种方式其实是将 MySide 中的 count 状态抽离出来存放到父组件，使得父组件或者父组件内的其他组件更改这个值变得容易。如果父组件希望触发子组件内的操作，则可以结合引用 Ref 获取子组件实例，然后通过引用使用子组件中的值或方法，具体使用方法我们将在 3.4 节介绍。

3.2.2　兄弟组件通信

兄弟组件状态同步只能通过父组件实现，即将兄弟组件需要共用的状态提取到父组件中，进而在兄弟组件上使用自定义事件的方式监听组件内部的操作。如果值发生更改，则需要通知其兄弟组件，代码实现示例如下：

```
class Demo extends Taro.Component {
 state = {
   count: 0
 }
 handleChange = (res) => {
     this.setState({count: this.state.count + 1})
 }
 render() {
   const {count} = this.state
   return (
     <MyContent>
     <MySide count={count} onChange={this.handleChange} />
     <MyList count={count} onChange={this.handleChange} />
    </MyContent>
   )
 }
}
```

回想一下，在讨论组件设计需要遵循的原则时，我们说组件的边界要清晰，但是我们现在发现上例中 MySide 组件和 MyList 组件共同依赖了 count 这一状态。这时我们需要思索，这个问题出现的原因是什么，是组件设计粒度不合理？还是组件之间确实需要共用这个状态？如果是前者，则需要重新考虑一下组件的设计；如果是后者，则可以用本例所示的解决方案去解决这一问题。

3.2.3　更复杂的组件通信

大多数情况下，以上列举的两种方案可以很好地解决组件之间的状态同步问题。可往往还有更复杂的场景、更复杂的状态同步问题亟待解决。例如，更深层级的状态传递与通信，且该状态只被最内层组件消费，以及状态合并问题等。这里我们来看深层状态传递问题。首先我们可以想到通过 props 逐层传递，例如：

```
class One extends Taro.Component {
  render() {
    const {count} = this.props
    return <View>{count}</View>
  }
}


class Two extends Taro.Component {
  render() {
    const {count} = this.props
    return (
      <View>
        Two
        <One count={count}/>
      </View>
    )
  }
}


class Three extends Taro.Component {
  render() {
    return <Two count={0} />
  }
}
```

Two 组件很显然只是中介，count 属性传递给了它却没有被使用，只是透传给了 One 组件。是否可以不经过这样层层传递，而直接由 Three 组件创建状态，One 组件使用这个状态呢？这就需要使用 Taro 提供的 context 实现。代码示例如下：

```
const CountContext = Taro.createContext()

class One extends Taro.Component {
```

```
  render() {
    return (
      <CountContext.Consumer>
      {count => <View>{count}</View>}
      </CountContext.Consumer>
    )
  }
}

class Two extends Taro.Component {
  render() {
    const {count} = this.props
    return (
      <View>
        Two
        <One />
      </View>
    )
  }
}

class Three extends Taro.Component {
  render() {
    return (
      <CountContext.Provider value={0}>
      <Two />
      </CountContext.Provider>
    )
  }
}
```

这样一来，count 这一状态就只是 Three 组件创造与更新、One 组件消费了。这样 props 更简捷，没有造成污染。

如果以上方案还是无法解决应用中的状态管理问题，就可能需要使用全局状态管理了，关于复杂组件的状态管理我们将在下一章详细探讨。

3.3　服务端通信

应用中大多数据来自后端，掌握前后端数据请求至关重要。Taro 提供了统一接口，用于网络 HTTP / HTTPS 请求，该接口为 Taro.request(options)。

3.3.1　Taro.request

学习该接口之前，先整体介绍一下 request 常用的 options 参数，如下表所示。

参　　数	类　　型	说　　明
url	string	请求路径
data	任意	请求参数
header	{key: value}	请求头设置
method	"GET" | "POST" | "DELETE" | "PUT"...	请求方法
jsonp	boolean	是否为 jsonp 请求
mode	"no-cors" | "cors" | "same-origin"	设置 H5 端是否允许跨域请求
credentials	"same-origin" | "include" | "omit"	设置 H5 端是否携带 Cookie

请求得到数据以后，Taro 会将返回的数据及状态等内容进行封装，封装后得到的这个对象我们暂且称为 ResultObject，该对象主要包含四个属性，如下表所示。

属　　性	类　　型	说　　明
data	任意	服务器返回的数据
header	{key: value}	服务器返回的响应头
statusCode	number	服务器返回的 HTTP 状态码
errMsg	string	错误信息

Taro 在大多数方面都考虑到了开发者的学习成本，我们从请求 API 也能够看出，Taro.request 的相关设计借鉴了 fetch，你只要使用过 fetch，就能很快上手 Taro.request。

假如现在需要使用 Taro 在组件中向后端发送一条登录请求，我们会如下所示进行代码编写：

```
class Login extends Taro.Component {
  handleLogin() {
    Taro.request({
      url: '/login',
      data: {
        username: 'Taro',
        password: '******'
      },
      header: {
        'content-type': 'application/json'
      },
      success: function(result) {
        console.log(result.data)
      }
    })
  }
  render() {
    return (
      <View>
      <View onClick={this.handleLogin}>登录</View>
      </View>
    )
  }
}
```

相信你能很轻松地理解以上代码，但是我们发现以上请求的处理是放在回调函数中的，而回调函数的解耦合能力或者可读性与可维护性较低，在 Taro 项目中建议使用 Promise 替代。改写示例如下：

```
Taro.request(options).then(result => console.log(result.data))
```

或者：

```
const result = await Taro.request(options)
```

3.3.2　请求终止

在某些特殊情况下，可能在较短时间内发出多个相同的请求，如此一来最终我们得到这个请求的响应也可能会有多个，这时就会面临一个问题，如果只想保留最后发起的那一次请求所得到的数据，该如何实现呢？这个问题是典型的**时序控制**问题，比较暴力的解决方案是每次发起请求前都将之前所发起的请求终止。在调用了 Taro.request 方法后会返回一个请求对象实例，该实例允许终止该次请求。示例如下：

```
const requestTask = Taro.request(options)
requestTask.abort()
```

有了这个 API，上述需求就能轻易实现：

```
class Demo extends Taro.Component {
  constructor() {
    this.requestRef = Taro.createRef()
  }
  handleFetchDetail() {
    this.requestRef.current && this.requestRef.current.abort()
    this.requestRef.current = Taro.request(options)
  }
  render() {
    return (
      <View onClick={this.handleFetchDetail}>fetchDetail</View>
    )
  }
}
```

上例代码的主要思路是：在组件创建时创建一个引用对象，当"登录"按钮被单击时，会先判断此时引用是否已经赋值为 Taro 请求对象，若该引用指向的 Taro 请求对象存在，则本次请求终止，然后创建一个最新的请求对象并赋值给引用，以此保证组件获取的数据来自最后一次发起的请求。

注：上例使用的引用会在下一节展开介绍。

3.3.3　请求拦截器

拦截器能够在请求发出前或发出后将请求拦截并对其 options 进行一些额外处理, 拦截器可以让你更优雅地去改变已有程序的表现。拦截器的处理过程类似洋葱, 所以我们常称拦截器处理为洋葱模型, 如下图所示。

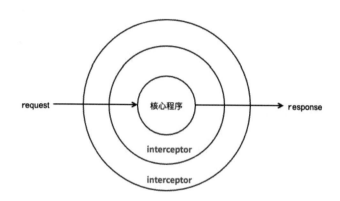

在请求发起之前, 可使用 Taro.addInterceptor 为请求添加拦截器。Taro 也有内置拦截器供使用。

1. 内置拦截器

Taro 提供了两个内置拦截器, 分别是 logInterceptor 和 timeoutInterceptor。顾名思义, 前者是用于请求日志输出的拦截器, 后者是用于设置请求超时时间的拦截器。使用方法如下:

```
Taro.addInterceptor(Taro.interceptors.logInterceptor)
Taro.addInterceptor(Taro.interceptors.timeoutInterceptor)
Taro.request({ url })
```

添加 logInterceptor 拦截器以后, 后面的每次请求都会输出请求的相关信息, 如请求路径、参数、方法等。添加 timeoutInterceptor 拦截器以后, 后面的请求如果超出预期时间依然没有获得返回结果, 则这次请求将会被超时处理。

2. 自定义拦截器

拦截器其实是一个特殊方法，该方法的参数携带了请求 options，并且该方法体中的内容处理完后必须返回一个 Promise 以进行后续操作。假如我们现在想自定义一个日志拦截器，实现如下：

```
const myLogInterceptor = function (chain) {
  const requestParams = chain.requestParams
  const { method, data, url } = requestParams

  console.log(`http ${method || 'GET'} --> ${url} data: `, data)

  return chain.proceed(requestParams)
    .then(res => {
      console.log(`http <-- ${url} result:`, res)
      return res
    })
  }
Taro.addInterceptor(myLogInterceptor)
Taro.request({ url })
```

当请求发起时，会打印请求方法、请求路径及请求参数；当请求响应到来时，会打印路径及响应参数。以上两处 console.log 是业务中需要自定义拦截器处理的逻辑，第一位置可用于处理请求内容，第二位置可用于处理响应内容。

使用拦截器在拓展处理请求响应内容的同时不会造成代码侵入，这种思想是经典的面向切面编程（Aspect Oriented Programming，AOP）思想。如果你对该思想感兴趣，可以查阅相关资料进一步学习。

3.4　使用 Ref

对于 Ref，你可能已经不陌生了，前面有两处提到了 Ref。第一处是第 2 章讲解非受控表单时，获取 Input 组件对象进而获取该组件的 Value；第二处是讲解请求时序控制时，确保在较短时间内同一个请求发出多次，只须将最后一次请求获得的数据渲染到页面中。本节将全面梳理 Taro 中 Ref 的使用。

1. 引用组件

在 Web 开发时，我们可以使用 document.getElementById 等方法获取指定节点元素，而在 Taro 中无法使用这些 DOM 操作方法，因为 Taro 是数据驱动框架。幸运的是，可以使用 Ref 获取指定节点，例如获取一个表单元素的值，示例如下：

```
class Demo extends Taro.Component {
  constructor(props) {
    super(props);
    this.inpRef = Taro.createRef();
  }

  handleSubmit = () => {
    console.log(this.inpRef.current.inputRef.value);
  };

  render() {
    return (
      <View>
        <Input
          //指定 Input ref
          ref={this.inpRef}
        />
        <Button onClick={this.handleSubmit}>提交</Button>
      </View>
    );
  }
}
```

在组件创建时，创建了一个用于指代 Input 组件的引用。在组件挂载时，该引用会指向 Input 实例，在后续的操作中就能通过该引用获取 Input 组件的内容了。

还记得我们在 3.2 节留下了一个伏笔，在父组件中如何使用子组件中的属性或方法。这也是 Ref 的另一个用武之地，你可以将 Ref 运用在自定义组件上来获取组件实例，示例如下：

```
class Cat extends Taro.Component {
 miao () {
   console.log('miao, miao, miao~')
 }

 render () {
   return <View />
 }
}

class Demo extends Taro.Component {
 constructor(props) {
   super(props);
    this.cat = Taro.createRef()
 }

 roar () {
   this.cat.current.miao()
 }

 render () {
   return <Cat ref={this.cat} />
 }
}
```

其实，如果你经常在父组件中通过子组件引用来使用子组件中的属性或方法，那么也许你需要思考片刻，是不是因为你的组件设计不合理迫使你这样做？因为引用其实也算打破了组件边界，对组件外部暴露的内容越多，说明组件封装越需要优化。

2. 请求时序控制

时序控制需要确保在较短时间内同一个请求发出多次，只须将最后一次请求获得的数据渲染到页面中。使用方法在上一节已做分析，此处不再赘述。

对于 Ref，我们可以将其理解为旁观者，它以慵懒的姿态记录你所给定的值，并且不会随组件的更新而发生变化，Ref 的变化只来自初始化、挂载及后续手动赋值。

3.5　本章小结

本章介绍了组件设计的基本原则。首先介绍了组件关系，组件之间的通信即状态同步问题。然后介绍了组件与服务端数据交互和通信使用的 API，同时介绍了如何使用拦截器在请求发出前或响应到来后做一些特殊处理。最后介绍了 Ref 在开发过程中的使用方法。

通过前面 3 章的学习，我们已经较深入地掌握了 Taro 开发基础与组件设计等内容。有一个亟待解决的问题，组件设计时遇到复杂状态应该如何处理，这时就可能需要将部分状态进行集中管理，下一章我们将围绕这个问题给出不同的可选方案。

第 4 章

集中状态管理

　　大多数项目中的组件功能通过上一章所讲的架构就能实现，但也存在更多复杂的场景。例如模块之间需要共用某些状态，某模块中需要更改另一模块的数据或状态，这时，无论通过提升状态还是拆分组件，似乎都只会让项目代码的可读性下降且不易维护。在这种场景下，也许需要其他状态管理方案。

4.1　Redux

在 React 中，比较流行的状态管理方案中就有 Redux。其实 Redux 本身和 React 或者 Taro 没有直接联系。换言之，只要是 JavaScript 应用，都可以使用 Redux 作为数据管理工具。只是在 Taro 中，为了简化 Redux 的使用，定义了与 react-redux API 几乎一致的包 —— @tarojs/redux。

4.1.1　Redux 设计理念

单页应用日趋复杂，应用中的数据越来越难以管理。假设一个应用中的状态或者数据使用一个简单对象来描述，可能会像这样：

```
{
  todos: [{
    text: 'Eat food',
    completed: true
  }, {
    text: 'Exercise',
    completed: false
  }],
}
```

这个对象定义了一个计划应用中的待办事项列表。通常列表项的操作可能不止在一个模块中。当一个状态需要在多个模块中更新时，直接修改对象的值是非常不明智的，有没有更好的方案呢？有！单向数据流。关于单向数据流的概念我们不展开介绍，因为概念本身就是抽象的，我们暂且从实际问题出发。

我们继续思考多个模块修改一个状态的问题，既然不能直接修改对象的值，那么我们不妨先描述一下需要对这个对象进行的操作，例如添加待办列表项、改变待办列表项的状态。在定义了这些操作以后，还要考虑在相同操作情况下处理的实际参数可能有所差异，因此每次操作都可以携带本次操作的参数（payload）。例如：

```
{ type: 'ADD_TODO', text: 'Go to swimming pool' }
{ type: 'TOGGLE_TODO', index: 1 }
```

　　这样就定义了两个操作，对应添加和更改状态。添加操作携带了 text 参数用于填充添加项的内容，更改状态操作携带了 index 参数用于指定需要更改项的索引。这样就能清晰地知道更新后应用中到底发生了什么。接下来应用状态的更新交给 reducer。

　　reducer 用于处理不同操作，如 ADD_TODO，该操作就是在原有列表的基础上新增一项，如果是数组，可以如下：

```
arr.push({text: 'Taro'})
```

　　如果是 TOGGLE_TODO，则需要更新原有列表中的某项。这样我们就可以将上述两种操作定义在一个处理函数中，示例如下：

```
function todos(state = [], action) {
 switch (action.type) {
  case 'ADD_TODO':
    return state.concat([{ text: action.text, completed: false }]);
  case 'TOGGLE_TODO':
    return state.map((todo, index) =>
     action.index === index ?
       { text: todo.text, completed: !todo.completed } :
       todo
    )
  default:
    return state;
 }
}
```

　　需要注意的是，每个处理函数都应该是纯函数。最终只需要通过 action 与 reducer 创建 store 即可使用，使用方法如下：

```
dispatch({type: 'ADD_TODO', text: 'Taro'})
```

4.1.2　在 Taro 中使用 Redux

首先安装 Redux、@tarojs/redux 和@tarojs/redux-h5，以及一些需要用的 Redux 中间件，示例如下：

```
npm install --save redux @tarojs/redux @tarojs/redux-h5 redux-thunk redux-logger
```

然后可以在项目的 src 目录下新增一个 store 目录，在该目录下创建 index.js 文件来配置 store，同时可以选择常用的 Redux 中间件并配置到项目中，例如使用 redux-thunk 和 redux-logger 中间件分别处理异步操作和记录 Redux 操作日志，示例如下：

```
//src/store/index.js
import { createStore, applyMiddleware } from 'redux'
import thunkMiddleware from 'redux-thunk'
import { createLogger } from 'redux-logger'
import rootReducer from '../reducers'

const middlewares = [
  thunkMiddleware,
  createLogger()
]

export default function configStore () {
  const store = createStore(rootReducer, applyMiddleware(...middlewares))
  return store
}
```

接下来在项目入口文件 app.js 中使用@tarojs/redux 中提供的 Provider 组件将已经定义的 store 提供给项目组件使用，代码示例如下：

```
//src/app.js
import Taro, { Component } from '@tarojs/taro'
import { Provider } from '@tarojs/redux'

import configStore from './store'
import Index from './pages/index'
```

```
import './app.scss'

const store = configStore()

class App extends Component {
  config = {
    pages: [
      'pages/index/index'
    ],
    window: {
      navigationBarTitleText: 'Test'
    }
  }

  render() {
    return (
      <Provider store={store}>
        <Index />
      </Provider>
    )
  }
}

Taro.render(<App />, document.getElementById('app'))
```

这样就可以开始使用了。如 Redux 推荐的那样，可以增加如下目录：

- constants 目录，用来放置所有的 action type 常量。

- actions 目录，用来放置所有的 actions。

- reducers 目录，用来放置所有的 reducers。

4.1.3　Redux 案例

我们使用 Redux 来开发一个简单的加、减计数器功能。

1. 新增 action type

我们需要通过不同的 action 名称枚举出不同的 action 操作，如计数操作要设计增加和减少操作，所以需要定义两个 action type，分别对应加和减，示例如下：

```
//src/constants/counter.js
export const ADD = 'ADD'
export const MINUS = 'MINUS'
```

2. 新增 reducer 处理

当不同的操作发起请求时，我们需要对不同的请求作出响应，并返回最新状态。前面我们介绍了 action 存在加和减两个类型，那么 reducer 中需要根据这两个不同的类型返回不同的状态。对于增加操作，首先获取已存储状态中的 num 值，然后将该值加 1。为了不影响状态中的其他值，我们通过解构赋值的方式将已存储状态解构赋值到新的对象中，然后指定 num 值以覆盖更新前的 num 值，最终返回这个对象，从而生成新的状态，代码示例如下：

```
//src/reducers/counter.js
import { ADD, MINUS } from '../constants/counter'

const INITIAL_STATE = {
  num: 0
}

export default function counter (state = INITIAL_STATE, action) {
  switch (action.type) {
    case ADD:
      return {
        ...state,
```

```
    num: state.num + 1
  }
 case MINUS:
  return {
    ...state,
    num: state.num - 1
  }
 default:
  return state
 }
}
```

通过 redux 提供的 combineReducers 方法，可以将定义的多个 reducer 合并，示例如下：

```
//src/reducers/index.js
import { combineReducers } from 'redux'
import counter from './counter'

export default combineReducers({
  counter
})
```

3. 新增 action 处理

定义 action 函数的目的是进一步约束可发起状态变化的操作场景，本例中 num 的变化只能是通过 ADD 或 MINUS 操作引起的，因此在组件中可以预先定义好对应的处理函数，在需要使用的位置调用即可，代码示例如下：

```
//src/actions/counter.js
import {
  ADD,
  MINUS
} from '../constants/counter'

export const add = () => {
  return {
```

```
    type: ADD
  }
}
export const minus = () => {
  return {
    type: MINUS
  }
}


//异步的 action
export function asyncAdd () {
  return dispatch => {
    setTimeout(() => {
      dispatch(add())
    }, 2000)
  }
}
```

通过以上 3 步，定义了 action 类型、action 处理、reducer 处理，接下来就可以在组件中使用了，示例如下：

```
//src/pages/index/index.js
import Taro, { Component } from '@tarojs/taro'
import { View, Text } from '@tarojs/components'
import { connect } from '@tarojs/redux'
import './index.scss'

import { add, minus, asyncAdd } from '../../actions/counter'

@connect(({ counter }) => ({
  counter
}), (dispatch) => ({
  add () {
    dispatch(add())
  },
  dec () {
```

```
    dispatch(minus())
  },
  asyncAdd () {
    dispatch(asyncAdd())
  }
}))
class Index extends Component {
  config = {
    navigationBarTitleText: '首页'
  }

  render () {
    return (
      <View className='todo'>
        <Button className='add_btn' onClick={this.props.add}>+</Button>
        <Button className='dec_btn' onClick={this.props.dec}>-</Button>
        <Button className='dec_btn' onClick={this.props.asyncAdd}>async</Button>
        <View>{this.props.counter.num}</View>
      </View>
    )
  }
}

export default Index
```

以上 connect 装饰器接收参数 mapStateToProps 与 mapDispatchToProps，分别如下：

- mapStateToProps，函数类型，接收最新的 state 作为参数，用于将 state 映射到组件的 props。
- mapDispatchToProps，函数类型，接收 dispatch()方法并返回期望注入展示组件的 props 中的回调方法。

4.2　MobX

使用 Redux 做状态管理是一个不错的选择，但通过上一节的介绍，你似乎已经发现 Redux 是有一定的学习成本的。什么是单向数据流？为什么需要定义 action type？为什么需要定义 reducer？这些问题在我们初学时比较难考虑清楚，并且有时希望选择一个更自由、更简单易用的状态管理工具，也许 MobX 能够满足要求。

4.2.1　MobX 设计理念

MobX 的设计比 Redux 小巧精简，它不用定义 reducer，也不需要通过纯函数形式生成新的 state。使用 MobX 只需要熟悉以下 3 个概念：

- 状态 state。
- 派生值 derivations。
- 操作 action。

MobX 支持单向数据流，其中，action 会更改 state，同时会更新所有与该状态相关的视图，如下图所示。

使用 MobX 时，状态集合可以使用对象来描述，并且只要使用 MobX 提供的 observable 方法包裹对象，就能返回一个被检测的对象。Taro 提供了 MobX 实用工具库——@tarojs/mobx。

4.2.2　在 Taro 中使用 MobX

安装相关依赖，示例如下：

```
npm install --save mobx @tarojs/mobx @tarojs/mobx-h5 @tarojs/mobx-rn
```

我们一般将组件状态封装到一个对象中。如 detail 模块，需要存储公共状态，这时我们可以创建一个文件，命名为 detail-store.js。这个文件默认返回 detail 状态，示例如下：

```
import { observable, action } from "mobx"

export default class DetailStore {
  @observable content = 'Taro'
    @observable views = 0

    @action.bind
    increaseViews() {
    this.views ++;
  }
}
```

在本示例中，content、views 参数被指定为 MobX 的观测属性，increateViews 被指定为会引起观测属性变化的操作，这样我们就可以在 detail 组件文件中使用该状态了，示例如下：

```
import Taro from '@tarojs/taro'
import { View, Text, Button } from '@tarojs/components'
import { observer } from '@tarojs/mobx'
import DetailStore from './detail-store'

const store = new DetailStore()

@observer
export default class Detail extends Taro.Component {
  render() {
    const {views, increaseViews} = store
    return (
          <View>
      <View>views: {views}</View>
      <View onClick={increaseViews}>增加</View>
```

```
        </View>
      )
    }
}
```

observer 是一个高阶组件，通过该注解，使得组件跟随 MobX store 的变化而更新。本例中当"增加"按钮被单击时，页面的浏览数就能增加。

但是这样的 store 还是只能在本组件或者子组件中使用，如果期望跨组件都能访问到这个 store，就需要将 store 从应用顶层注入，供所有组件消费。这个操作在 src/App.js 中被定义，示例如下：

```
import Taro, { Component } from '@tarojs/taro'
import { Provider } from '@tarojs/mobx'
import Index from './pages/index'
import counterStore from './store/counter'

const store = {
  counterStore
}

class App extends Component {
  config = {
    pages: [
      'pages/index/index'
    ],
    window: {
      backgroundTextStyle: 'light',
      navigationBarBackgroundColor: '#fff',
      navigationBarTitleText: 'WeChat',
      navigationBarTextStyle: 'black'
    }
  }

  render () {
    return (
```

```
    <Provider store={store}>
      <Index />
    </Provider>
  )
  }
}

Taro.render(<App />, document.getElementById('app'))
```

这样在需要使用公共 store 的组件上通过 inject 注解，将指定的 store 绑定到组件 props 上，即可在组件内访问使用，示例如下：

```
import Taro, { Component } from '@tarojs/taro'
import { observer, inject } from '@tarojs/mobx'

import './index.scss'

@inject('counterStore')
@observer
class Index extends Component {
  //...
}

export default Index
```

需要注意以下两件事情。

- 无论以何种方式使用 inject，其后的 observer 均不能省略。
- 不要在 inject 中引用可观察对象，这将导致属性改变后的页面不更新，例如：

```
//错误
@inject((stores, props) => ({
  counter: stores.counterStore.counter
}))

//正确
@inject((stores, props) => ({
```

```
counterStore: stores.counterStore
}))
```

4.3　本章小结

　　本章介绍了项目中常用的两种集中状态管理方案，不过也许你的项目并不需要。小型项目直接使用组件内部 state 即可实现状态管理，或者使用 Hooks 进行状态管理，下一章将展开讲解关于 Hooks 的知识。大型项目考虑是否需要使用集中状态管理，同时集中状态管理的方案还有很多。如果你觉得 Redux 复杂但还是想使用基于 Redux 状态管理的方案，那么可以选用 dva；如果你的状态流控制异常复杂，则可以考虑选用 RxJs。Redux 和 MobX对于状态管理的思想值得我们仔细研究学习。

第 5 章

Hooks

前面的章节，我们都是使用 class 定义组件的。class 组件符合面向对象编程思想，优点很多，但缺点也很多。在 Taro 中，很多场景下函数式编程思想优于面向对象编程思想。正因如此，Taro 引入了 Hooks 的特性。Hooks 允许在函数式组件中管理状态及其他特性。

5.1　Hooks 简介

在此之前，有状态组件只能使用 class 定义，但在某些场景下，class 组件会引入一些问题，后来出现了函数组件。过去函数组件又被称为 stateless 组件，即无状态组件。但经过尝试发现，函数组件在对组件 UI 与状态的分离方面表现出色，由此 Hooks 应运而生。在介绍 Hooks 之前，我们先来细数 class 组件的不足。

5.1.1　class 组件的不足

1. 组件之间难以复用状态逻辑

如果你使用过Taro一段时间，你也许会熟悉一些解决状态复用问题的方案，如render props和高阶组件。但这类方案需要重新组织你的组件结构，使你的代码难以理解。并且你会发现由providers、consumers、高阶组件、render props等其他抽象层组成的组件会形成"嵌套地狱"。因此Taro需要为共享状态逻辑提供更好的原生途径。

2. 复杂组件难以理解

起初组件很简单，但是逐渐会被状态逻辑和副作用充斥。每个生命周期常常包含一些不相关的逻辑。例如，组件常在 componentDidMount 和 componentDidUpdate 中获取数据。但是，同一个 componentDidMount 中可能包含很多其他逻辑，如设置事件监听，而后需在 componentWillUnmount 中清除事件。相互关联且需要对照修改的代码被拆分，而完全不相关的代码却在同一个方法中被组合。如此很容易产生 Bug，导致逻辑不一致。

3. 难以理解的面向对象编程思想

除代码复用和代码管理会遇到困难外，面向对象编程思想也是使用 Taro 的一大屏障。你必须理解 JavaScript 中 this 的工作方式，不能忘记绑定事件处理器。也许我们很好理解

props、state 和自顶向下的数据流，但对面向对象编程思想却一筹莫展。

为了解决以上问题，Taro 提供了 Hooks。Hooks 可以使你在非 class 的情况下使用更多的 Taro 特性。Hooks 充分拥抱函数，同时没有牺牲 Taro 的精神原则。Hooks 提供了问题的解决方案，无须学习复杂的函数式或响应式编程技术。

Hooks 是一系列可以让你在函数组件中管理并使用 state 及生命周期等特性的函数。需要注意的是，Hooks 不能在 class 组件中使用。

5.1.2　Hooks 概览

我们以两个最常用的 Hooks 作为示例，体验基于 Hooks 开发应用。这两个 Hooks 分别为 useState 和 useEffect。

1．useState

首先来看一个计数器案例，需求很简单。当你单击按钮时，计数器的值会增加 1，并显示在页面中。代码如下：

```
import Taro, { useState } from '@tarojs/taro';

function Demo() {
  //声明一个叫 "count"的state变量
  const [count, setCount] = useState(0);

  return (
    <div>
      <p>你点击了{count} 次</p>
      <button onClick={() => setCount(count + 1)}>
        点我
      </button>
    </div>
  );
```

```
}
```

在这里，useState 就是一个 Hook（后面我们详细介绍）。通过在函数组件里调用它，为组件添加一些内部状态，Taro 会在更新渲染时保留这个状态。useState 会返回一对值：当前状态和一个让你更新它的函数，你可以在事件处理函数中或其他一些地方调用这个函数。该函数类似 class 组件中的 this.setState。

在上面的例子中，计数器是从零开始的，所以初始 state 就是 0。这里的 state 可以是你期望的任何类型数据。这个初始 state 参数只有在第一次渲染组件时被用到。

如果组件中有多个状态需要管理，则可以调用多个 useState 来生成状态和该状态的更新函数，例如：

```
function Demo() {
  //声明多个state变量！
  const [age, setAge] = useState(42);
  const [fruit, setFruit] = useState('banana');
  const [todos, setTodos] = useState([{ text: 'Learn Hooks' }]);
  //...
}
```

上例中，我们在一个函数组件中定义了 3 个状态，分别为 age、fruit、todos，同时对应的更新函数是 setAge、setFruit、setTodos。需要注意这里的命名，推荐将状态对应的更新函数命名为"set + 状态名"的形式。之后，只要在需要的时候调用状态更新函数，视图就会根据新的状态重新渲染。

2. useEffect

在了解这个函数之前，我们先来认识一个术语——副作用。生活中我们常听说这个词，例如感冒了，需要喝药，但喝药是有副作用的，副作用就是嗜睡。在程序中，一个状态改变的时候会引起其他视图或状态的更改，这也被称为副作用。

在计数器案例中，当 count 状态改变时，我们期望更新标题，这时就需要处理 count 状态的副作用了，代码如下：

```
import Taro, { useState, useEffect } from '@tarojs/taro';

function Demo() {
  //声明一个叫"count"的 state 变量
  const [count, setCount] = useState(0);

  useEffect(() => {
    document.title = `你点击了${count} 次`;
  }, [count]);

  return (
    <div>
      <p>你点击了{count} 次</p>
      <button onClick={() => setCount(count + 1)}>
        点我
      </button>
    </div>
  );
}
```

当你在组件中使用了 useEffect，那么组件在挂载和更新时就会尝试处理这个副作用。useEffect 传入两个参数，第一个参数是副作用的处理函数，第二个参数是与该副作用关联的状态或属性依赖数组，就像上例指明了 count，说明本 useEffect 只在 count 变化时执行副作用处理函数。这里发散一下思维，如果我们期望 useEffect 只在组件挂载时执行，则该怎么做呢？可以如下使用：

```
import Taro, { useEffect } from '@tarojs/taro';

function Demo() {

  useEffect(() => {
    console.log('mounted')
  }, []);
```

```
  return (
    <div>Demo</div>
  );
}
```

同时 useEffect 允许返回一个函数，这个函数用于处理清除操作，类似 componentWillUnmout，示例如下：

```
import Taro, { useEffect } from '@tarojs/taro';

function Demo() {

  useEffect(() => {
    console.log('mounted')
    return () => {
      console.log('unmount')
    }
  }, []);

  return (
    <div>Demo</div>
  );
}
```

与 useState 一样，同一个组件中可以使用多个 useEffect，例如：

```
import Taro, { useState, useEffect } from '@tarojs/taro';

function Demo() {

  const [count, setCount] = useState(0);

  useEffect(() => {
    console.log('mounted')
    return () => {
      console.log('unmount')
    }
```

```
}, []);

useEffect(() => {
  document.title = `你点击了${count} 次`;
}, [count]);

return (
  <div>
    <p>你点击了{count} 次</p>
    <button onClick={() => setCount(count + 1)}>
      点我
    </button>
  </div>
);
}
```

5.1.3 Hooks 规则

Hooks 是特殊的函数。准确来说，Hooks 的实现使用了函数闭包思想，因此在使用 Hooks 过程中，如果出现一些难以理解的问题，则可以猜测是否是闭包引起的问题。在使用 Hooks 时，需要记住以下几点规则：

- 只能在函数组件中使用 Hooks。
- 只能在函数块中使用 Hooks。不能在循环、条件判断或子函数中使用 Hooks。

5.2 Hooks 基础

通过上节中的案例，相信你已经对 Hooks 有了一定认识，甚至你已迫切想要尝试用 Hooks 来进行开发。Taro 提供了很多 Hooks，如果这些 Hooks 无法满足日常开发中的需求，也可以根据规则自定义 Hooks。

内置 Hooks 都定义在@tarojs/taro 中，所以可以这样引入对应的 Hooks：

```
import Taro, { useState, useEffect, usePageScroll } from '@tarojs/taro'
```

5.2.1　useState

该方法接收一个参数用于初始化状态，返回值为一个数组，数组中第一项为状态，第二项为该状态的更新函数。使用示例如下：

```
const [count, setCount] = useState(0);
```

组件初次渲染时，count 状态会被赋值为 0，后续在组件中调用 setCount 就可以使 count 状态更新。但有时初始状态可能需要经过计算惰性初始化，这时可以传入函数并返回对应值来初始化状态，例如：

```
const [count, setCount] = useState(() => {
  const initialState = someExpensiveComputation(props);
  return initialState;
});
```

假设在组件中有一个按钮，当单击按钮时，将 count 加 1，可以这样实现：

```
<View onClick={() => setCount(count + 1)}></View>
```

或者使用回调函数形式实现 count 值的更新：

```
<View onClick={() => setCount(c => c + 1)}></View>
```

5.2.2　useEffect

该方法接收两个参数，第一个参数为处理副作用的函数，第二个参数为引起该副作用执行的值数组。以前在使用函数组件时，无法在组件中进行 DOM 操作，因为函数组件每次更新都会重新执行函数中的逻辑。引入 useEffect 以后，将 DOM、请求等操作放于其中，实现与 class 组件类似的效果。

在函数组件中，使用 useEffect 可以实现类似 class 组件的 componentDidMount 生命周期函数，示例如下：

```
import Taro, { useEffect } from '@tarojs/taro'

function Demo() {
  useEffect(() => {
    console.log('mounted')
  }, [])
}
```

第二个参数指定为空数组时，表示该副作用不依赖任何的值变化，只会在组件完成初次渲染后执行一次。使用 useEffect 同样可以实现类似 class 组件的 componentWillUnmout 生命周期函数，示例如下：

```
import Taro, { useEffect } from '@tarojs/taro'

function Demo() {
  useEffect(() => {
    console.log('mounted')
    return () => {
      console.log('unmount')
    }
  }, [])
}
```

显然，useEffect 返回的函数即可定义该副作用的清除逻辑。

使用 useEffect 还可以实现类似 class 组件的 componentDidUpdate 生命周期函数。值得一提的是，使用 useEffect 来处理更新优于使用 componentDidUpdate，因为 useEffect 在一个组件中可定义多个。也就是说，不同的值变化可以在不同的副作用中进行处理，这样就解决了 class 组件的 componentDidUpdate 函数中冗余太多不相关代码的问题。对比如下：

使用 class 组件

```
class Demo extends Taro.Component {
```

```
  componentDidUpdate(prevProps) {
  //典型用法（不要忘记比较 props）
  if (this.props.userID !== prevProps.userID) {
    this.fetchData(this.props.userID);
  }
  if (this.props.detailId !== prevProps.detailId) {
    this.fetchDetail(this.props.detailId);
  }
 }
 render() {
   return <View>Taro</View>
 }
}
```

使用函数组件+ Hooks

```
import Taro, { useEffect } from '@tarojs/taro';
function Demo(props) {
 const {userId, detailId} = props
 useEffect(() => {
   fetchData(props.userID)
 }, [userId])
 useEffect(() => {
   fetchData(props.detailId)
 }, [detailId])
 return <View>Taro</View>
}
```

5.2.3 useReducer

通常使用 useState 和 useEffect 基本能满足函数组件状态管理的需求，但也难免会有更加复杂的场景。我们现在虚拟一个计算器组件，需要实现计算器的加减乘除等操作，显然这些方法如果都分散定义，会导致状态管理混乱。这时我们想到了 Redux 状态管理的思想——单向数据流。现在 Hooks 也提供了这个功能。

useReducer 接收三个参数，第一个参数是处理状态更新的reducer，第二个参数是状态初始值，第三个参数是状态初始化函数。使用示例如下：

```
const [state, dispatch] = useReducer(reducer, initialArg, init);
```

第一个参数定义与 Redux 章节讲解的 reducer 定义一样，用于响应不同 action 类型并返回新的状态。例如我们现在定义 count 的加减 1 操作，示例如下：

```
function reducer(state, action) {
  switch (action.type) {
    case 'increment':
      return {count: state.count + 1};
    case 'decrement':
      return {count: state.count - 1};
    default:
      throw new Error();
  }
}
```

第二个参数用于定义初始状态值，例如计算器组件在初始化时，会将 count 初始化为 0，那么我们定义的 initialArg 如下：

```
const initialArg = {count: 0}
```

一般情况下，定义了这两个参数后就可以使用 useReducer 了，在组件中的使用方法如下：

```
function Calculator() {
  const [state, dispatch] = useReducer(reducer, initialArg)
  return (
    <View>
      <Text>{state.count}</Text>
      <View onClick={() => dispatch({type: 'increment'})}>+</View>
      <View onClick={() => dispatch({type: 'decrement'})}>-</View>
    </View>
  )
}
```

　　从这个例子可以发现，使用 useReducer 来管理状态比使用 useState 更符合封闭原则。并且如果有时外部传入的 props 需要处理之后才能初始化某个状态，则可以使用第三个参数来调整传入的数据以符合初始化状态的格式，示例如下：

```
function init(initialCount) {
  return {count: initialCount};
}

function Calculator({initialCount = 0}) {
  const [state, dispatch] = useReducer(reducer, initialCount, init)
  return (
    <View>Taro</View>
  )
}
```

　　在函数组件中，视情况选择 useState 或 useReducer 处理状态。

5.2.4　useCallback

　　在函数组件中，定义函数很常见，但因为函数组件会随着状态值的更新而重新渲染，函数中定义的函数会频繁定义，这是非常影响性能的。Hooks 提供了 useCallback 方法用于记忆函数。

　　useCallback 接收两个参数，第一个参数是一个函数，第二个参数是一个数组，用于指定被记忆函数更新所依赖的值。使用示例如下：

```
const memoizedCallback = useCallback(
  () => {
    doSomething(a, b);
  },
  [a, b],
);
```

　　第一个参数为需要记忆的函数，如事件处理回调函数。第二个参数如果指定为空数组，则被记忆的函数在组件初始化创建后永远保持不变直至组件卸载。回调函数使用 useCallback 优化后是这样的：

```
import Taro, { useCallback } from '@tarojs/taro'
function Demo() {
  const handleClick = useCallback(() => {
    console.log('clicked')
  }, [])
  return (
    <View onClick={handleClick}>Taro</View>
  )
}
```

请注意，如果记忆函数中使用了组件的状态或者 props 值，则 useCallback 第二个参数需要指明对应的依赖，例如：

```
import Taro, { useState, useCallback } from '@tarojs/taro'
function Demo({id}) {
  const [count ,setCount] = useState(0)
  const handleClick = useCallback(() => {
    console.log('clicked')
    console.log(id, count)
    setCount(count + 1)
    //或者使用回调函数形式
    //setCount(c => c + 1)
  }, [id, count])
  return (
      <View onClick={handleClick}>set count</View>
  )
}
```

5.2.5 useMemo

useCallback 用于记忆函数，useMemo 用于记忆值，并且通常这个值是经过比较消耗性能的计算得到的。useMemo 接收两个参数：第一个参数用于处理耗时计算并返回需要记录的值；第二个参数为数组，用于指定被记忆函数更新所依赖的值。使用示例如下：

```
import Taro, { useState, useMemo } from '@tarojs/taro'
function Demo({list}) {
  const memoList = useMemo(() => {
    //doSomeThing 表示性能计算函数
    return doSomeThing(list)
  }, [list])
  return (
      <View>{memoList}</View>
  )
}
```

5.2.6　useRef

这个 Hook 在前面提到过，用于获取节点的引用、组件的应用、记录不随组件更新而变化的值。useRef 用于节点引用的示例如下：

```
import Taro, { useRef } from '@tarojs/taro'
function Demo() {
  const nodeRef = useRef(null)
  return (
   <View ref={nodeRef}>Taro</View>
  )
}
```

或者用于记录值，有时 useEffect 中的处理需要在特定条件下进行。例如，某个 useEffect 需要在 Id 更新时执行操作，却又不希望组件初次挂载时执行操作，这时 useRef 就派上用场了。示例如下：

```
import Taro, { useRef } from '@tarojs/taro'
function Demo({id}) {
  const flagRef = useRef(false)
  useEffect(() => {
    if (flagRef.current) {
```

```
      console.log('some operation')
    }
    return () => {
      flagRef.current = true
    }
  }, [id])
  return (
    <View ref={nodeRef}>Taro</View>
  )
}
```

5.2.7　useContext

该方法接收一个参数，参数为定义的 context，useContext 赋予了函数组件使用 context 的能力。使用示例如下：

```
import Taro, { useContext } from '@tarojs/taro'
import ThemeContext from './ThemeContext'
function Demo() {
  const theme = useContext(ThemeContext)
  return (
    <View style={theme}>Taro</View>
  )
}
```

5.2.8　其他 Hooks

1. useDidShow

useDidShow 等同于 componentDidShow 页面生命周期钩子，使用示例如下：

```
useDidShow(() => {
  console.log('componentDidShow')
})
```

2.　useDidHide

useDidHide 等同于 componentDidHide 页面生命周期钩子，使用示例如下：

```
useDidHide(() => {
  console.log('componentDidHide')
})
```

3.　usePullDownRefresh

usePullDownRefresh 等同于 onPullDownRefresh 页面生命周期钩子，使用示例如下：

```
usePullDownRefresh(() => {
  console.log('onPullDownRefresh')
})
```

4.　useReachBottom

useReachBottom 等同于 onReachBottom 页面生命周期钩子，使用示例如下：

```
useReachBottom(() => {
  console.log('onReachBottom')
})
```

5.　usePageScroll

usePageScroll 等同于 onPageScroll 页面生命周期钩子，使用示例如下：

```
usePageScroll(res => {
  console.log(res.scrollTop)
})
```

6.　useResize

useResize 等同于 onResize 页面生命周期钩子，使用示例如下：

```
useResize(res => {
```

```
console.log(res.size.windowWidth)
console.log(res.size.windowHeight)
})
```

7. useShareAppMessage

useShareAppMessage 等同于 onShareAppMessage 页面生命周期钩子，使用示例如下：

```
useShareAppMessage(res => {
  if (res.from === 'button') {
    console.log(res.target)
  }

  return {
    title: '自定义转发标题',
    path: '/page/user?id=123'
  }
})
```

8. useTabItemTap

useTabItemTap 等同于 onTabItemTap 页面生命周期钩子，使用示例如下：

```
useTabItemTap(item => {
  console.log(item.index)
  console.log(item.pagePath)
  console.log(item.text)
})
```

9. useRouter

useRouter 等同于页面为类时的 getCurrentInstance().router，使用示例如下：

```
const router = useRouter()
```

10.　useReady

useReady 等同于页面的 onReady 生命周期钩子，使用示例如下：

```
useReady(() => {
    console.log('onready')
})
```

5.3　自定义 Hooks

1.　定义简单 Hooks

通过自定义 Hooks，可将组件中的可复用逻辑提取出来。自定义 Hooks 是一个函数，其名称以"use"开头，函数内部可以调用其他 Hooks。例如：

```
export default function useList() {
  const list = [0, 1, 2];
  return list
}
```

2.　使用自定义 Hooks

在实际开发中，这个 list 是通过数据请求获取的，但本例中我们直接将该数据定义在了函数中，并在最后返回了这个数据。本例定义的 useList 这个函数就是一个简单的自定义 Hook，接下来你就可以在其他函数组件中使用这个 Hook 了，示例如下：

```
import useList from './hooks/useList';

function Demo() {
    const list = useList()
  return (
   <View>
     {list.map(item => <View key={item}>{item}</View>)}
   </View>
```

```
    )
}
```

3. 拓展 Hooks 能力

在此基础上，我们拓展 list 的数据操作能力，如单击某一行时执行删除操作。我们知道，Taro 中视图的改变来源于组件更新。也就是说，我们的删除操作只需要将指定行数据删除，即可删除对应视图，并且本例的数据所有权归 useList 这个 Hook，为了不打破封装边界，需要在 useList 这个 Hook 中定义数据的删除操作，然后提供给外部调用。以删除操作为例，代码如下：

```
import Taro, { useState, useCallback } = '@tarojs/taro';

export default function useList() {
  const [list, setList] = useState([0, 1, 2]);
  const del = useCallback(index => {
    setList([...list.splice(index, 1)])
  }, [list]);
  return {list, del}
}
```

在项目中的使用也很简单，示例如下：

```
import useList from './hooks/useList';

function Demo() {
    const {list, del} = useList()
  return (
    <View>
      {list.map((item, i) => (
        <View key={item} onClick={() => del(i)}>{item}</View>)
    )}
    </View>
  )
}
```

4. 为 Hooks 添加依赖

我们在使用 useEffect 等 Hooks 时，都存在一个参数可以指明依赖，自定义 Hooks 也可以添加依赖。当依赖内容发生改变时，Hooks 中某些逻辑需要重新处理。如上例中，list 初始化数据来自 Demo 组件，在 Hooks 中需通过异步数据请求获得 list 并重新渲染，并且该请求需要的一个参数 Id 也来自原 Demo 组件。重新定义一下 Hooks 的逻辑，示例如下：

```
import Taro, { useState, useCallback } = '@tarojs/taro';

export default function useList({defaultList, id}, deps) {
 const [list, setList] = useState(defaultList);
 useEffect(() => {
         api.requestList(id)
         .then(res => setList(res.data))
 }, [deps])
 const del = useCallback(index => {
   setList([...list.splice(index, 1)])
 }, [list]);
 return {list, del}
}
```

在组件中使用，示例如下：

```
import useList from './hooks/useList';

function Demo({id}) {
    const {list, del} = useList({defaultList: [0, 1], id}, [id])
  return (
    <View>
      {list.map((item, i) => (
        <View key={item} onClick={() => del(i)}>{item}</View>)
    )}
    </View>
  )
}
```

如果 Demo 组件 props 中 Id 发生改变，则 useList 中的副作用就会被处理，从而获得新的 list 返给 Demo 组件使用。这样，我们就能很好地将组件视图与组件数据分离了。这就是 Hooks 的魅力。

5.4 本章小结

本章介绍了 Hooks 相关知识。Hooks 赋予了函数组件管理内部状态和处理副作用的能力，使组件与数据得以拆分。同时，Hooks 的出现解决了以下几个问题：

（1）组件之间的状态逻辑难以复用。

（2）让组件的组织和编写变得简单。

（3）不需要一味使用面向对象编程思想。

通过对自定义 Hooks 的学习，相信大家对 Hooks 有了更深刻的了解，我们还需要在工作中不断总结，思考如何借助 Hooks 将数据和视图更好地组织起来。

第6章

多端开发

多端开发是 Taro 的另一大优势。相信大家对 React Native 并不陌生，React Native 允许使用 React 同步开发 iOS 与 Android 应用，最终编译可生成对应平台的安装包，从而实现多端开发。Taro 允许使用自己熟悉的框架（React、Vue、jQuery、Nerv）语法，最终编译生成不同平台的小程序、H5 及 React Native 项目。

6.1　编译配置与约定

在进行多端开发之前，首先需要安装各平台提供的小程序开发工具，当然 H5 的调试使用浏览器即可，React Native 的调试需要安装对应的 IDE 工具，iOS 使用 Xcode，Android 使用 Android Studio。准备好平台开发工具以后，我们需要针对不同的平台配置指定编译规则。同时在开发多端应用前，设计合理的视觉稿，配置视觉稿尺寸与尺寸单位的换算规则。

6.1.1　编译配置

Taro 项目的编译配置文件存放在项目根目录的 config 目录下，包含了三个文件，分别如下表所示。

文　件	描　述
index.js	项目通用配置
dev.js	开发环境项目配置
prod.js	线上环境项目配置

在 index.js 中，已经定义了基本配置，示例如下：

```
const config = {
 projectName: 'Awesome Next',
 date: '2020-8-8',
 designWidth: 750,
 deviceRatio: {
  640: 2.34 / 2,
  750: 1,
  828: 1.81 / 2
 },
 sourceRoot: 'src',
 outputRoot: 'dist',
```

```
plugins: [],
defineConstants: {},
copy: {
  patterns: [
  ],
  options: {
  }
},
framework: 'react',
mini: {},
h5: {}
};

module.exports = function(merge) {
  if (process.env.NODE_ENV === 'development') {
    return merge({}, config, require('./dev'));
  }
  return merge({}, config, require('./prod'));
};
```

项目的基本配置包括项目名、项目创建时间、视觉稿尺寸、设备像素比率、源码根目录、输出位置、插件集、定义常量、复制、使用框架、小程序特殊配置、H5 特殊配置，最终生成对应的环境配置。

小程序常用的编译配置及说明如下表所示。

配置 mini.	描　　述
compile.exclude	排除不需要经过 Taro 编译的文件
compile.include	需要经过 Taro 编译的文件
webpackChain	自定义 Webpack 配置
output	可用于修改、拓展 Webpack 的 output 选项
postcss	配置 postcss 相关插件
commonChunks	Taro 编译器需要抽取的公共文件
addChunkPages	为某些页面单独指定需要引用的公共文件
……	……

H5 常用的配置及说明如下表所示。

配置 h5.	描　　述
entry	可用于修改、拓展 Webpack 的 input 选项
output	可用于修改、拓展 Webpack 的 output 选项
publicPath	设置输出解析文件的目录
devServer	预览服务的配置，可以更改端口等参数
webpackChain	自定义 Webpack 配置
enableSourceMap	用于控制是否生成 JS、CSS 对应的 sourceMap
enableExtract	extract 功能开关，开启后将使用 mini-css-extract-plugin 分离 CSS 文件。可通过 h5.miniCssExtractPluginOption 对插件进行配置
postcss	配置 postcss 相关插件
……	……

通过自定义编译配置，达到多端差异性打包、打包构建优化等目的，开发者可根据实际需求，进行编译配置。

6.1.2　设计稿与尺寸单位约定

在 Taro 中，尺寸单位建议使用 px、百分比（％），Taro 默认会对所有单位进行转换。在 Taro 中，按照 1∶1 的书写尺寸关系来进行书写，即如果从设计稿上量的长度是 100px，那么尺寸书写就是 100px。当转成微信小程序的时候，尺寸将默认转换为 100rpx；当转成 H5 时，将默认转换为以 rem 为单位的值。

如果你希望部分 px 单位不被转换成 rpx 或者 rem，最简单的做法就是在 px 单位中增加一个大写字母，例如 Px 或者 PX 这样，就会被转换插件忽略。示例如下：

```
/* `px` is converted to `rem` */
.convert {
  font-size: 16px; //converted to 1rem
}
```

```
/* `Px` or `PX` is ignored by `postcss-pxtorem` but still accepted by browsers */
.ignore {
  border: 1Px solid; //ignored
  border-width: 2PX; //ignored
}
```

Taro 默认以 750px 作为换算尺寸标准。如果设计稿不是以 750px 为标准的,则需要在项目配置 config/index.js 中进行设置,例如设计稿尺寸是 640px,则需要修改项目配置 config/index.js 中的 designWidth 配置为 640。示例如下:

```
const config = {
  projectName: 'myProject',
  date: '2020-8-8',
  designWidth: 640,
  ....
}
```

Taro 支持 750px、640px、828px 3 种尺寸设计稿,对应的换算关系如下:

```
const deviceRatio = {
  '640': 2.34 / 2,
  '750': 1,
  '828': 1.81 / 2
}
```

相信很多人开发移动端都是把 iPhone 6 的尺寸 750px 作为设计尺寸标准的。

假如你的设计稿尺寸选定为 375px,不在以上 3 种尺寸之中,则需要将 designWidth 设置为 375,同时在 deviceRatio 中添加换算规则:

```
{
  designWidth: 375,
  deviceRatio: {
    '375': 1 / 2,
    '640': 2.34 / 2,
    '750': 1,
    '828': 1.81 / 2
  }
```

```
}
```

在编译时，Taro 会帮你对样式做尺寸转换操作，但是如果在 JS 中书写了行内样式，那么编译时就无法转换了。针对这种情况，Taro 提供了 API Taro.pxTransform 来做运行时的尺寸转换：

```
Taro.pxTransform(10) //小程序：rpx，H5：rem
```

6.2 多端开发方案

为了极大程度地抹平多端开发时的平台 API 或 UI 差异，Taro 提供了 3 种支持多端开发的方案，分别是内置环境变量、统一接口的多端文件、指定解析 node_modules 包中的多端文件。

6.2.1 内置环境变量

Taro 提供了内置环境变量来判断当前的编译类型，目前有 weapp、swan、alipay、h5、rn、tt、qq、quickapp、jd 9 个取值。可以通过这个变量来书写一些对应不同环境下的代码，在编译时只保留当前编译类型下的代码且将不属于当前编译类型的代码去掉。例如想在微信小程序和 H5 端分别引用不同的资源，示例如下：

```
if (process.env.TARO_ENV === 'weapp') {
  require('path/to/weapp/name')
} else if (process.env.TARO_ENV === 'h5') {
  require('path/to/h5/name')
}
```

同时可以在 JSX 中使用，这样可以决定不同的端需要加载的对应组件。示例如下：

```
render () {
  return (
    <View>
```

```
    {process.env.TARO_ENV === 'weapp' && <ScrollViewWeapp />}
    {process.env.TARO_ENV === 'h5' && <ScrollViewH5 />}
  </View>
 )
}
```

6.2.2 统一接口的多端文件

内置环境变量虽然可以解决大部分多端开发问题，但会让项目充斥着逻辑判断的代码，从而影响代码的可维护性，让代码变得越发丑陋。为了解决以上问题，Taro 提供了另一种多端开发的方式作为补充。

开发者可以通过使用统一接口的多端文件来解决跨端差异的问题。针对一项功能，如果多个端之间都有差异，那么开发者可以通过将文件修改成**原文件名+端类型**的命名形式，不同端的文件代码对外保持统一接口，而引用的时候仍然是 import 原文件名的文件。在编译时，Taro 会根据需要编译的平台类型，将加载的文件变更为带有对应端类型文件名的文件，从而达到不同的端加载对应文件的目的。

端类型对应着 process.env.TARO_ENV 的值，通常有以下两种使用场景。

1. 多端组件

假如有一个 Test 组件存在微信小程序、百度小程序和 H5 3 个不同版本，就可以用下表所示的方式组织代码。

文　件	说　　明
test.js	Test 组件默认的形式，编译到微信小程序、百度小程序和 H5 三端之外的端使用的版本
test.weapp.js	Test 组件的微信小程序版本
test.jd.js	Test 组件的京东小程序版本
test.qq.js	Test 组件的 QQ 小程序版本

文　件	说　明
test.quickapp.js	Test 组件的快应用版本
test.h5.js	Test 组件的 H5 版本
test.swan.js	Test 组件的百度小程序版本

　　文件对外暴露的是统一的接口，它们接收一致的参数，只是内部有针对各自平台的代码实现。使用 Test 组件的时候，引用的方式依然和之前的保持一致，import 的是不带端类型的文件名，在编译时 Taro 会自动识别导入文件名并添加端类型后缀，示例如下：

```
import Test from '../../components/test'

<Test argA={1} argA={2} />
```

2. 多端脚本逻辑

　　与多端组件类似，假如需要针对不同的端写不同的脚本逻辑代码，我们也可以进行类似的处理，遵守的唯一原则就是多端文件对外的接口要保持一致。

　　例如微信小程序上使用 Taro.setNavigationBarTitle 来设置页面标题，H5 使用 document.title，那么可以封装一个 setTitle 方法来抹平两个平台的差异。分别创建 set_title.h5.js、set_title.weapp.js，示例如下：

```
//set_title.h5.js
export default function setTitle (title) {
  document.title = title
}

//set_title.weapp.js
import Taro from '@tarojs/taro'
export default function setTitle (title) {
  Taro.setNavigationBarTitle({
    title
  })
```

```
}
```

使用时，指定不带端类型的文件名，在编译时 Taro 会自动识别导入路径并添加端类型后缀，示例如下：

```
import setTitle from '../utils/set_title'

setTitle('页面标题')
```

统一接口的多端文件这一跨平台兼容方案在使用时需要注意以下 3 点：

- 不同端的对应文件一定要统一接口，统一调用方式。
- 最好有一个平台无关的默认文件，这样在使用 ts 的时候不会出现错误提示。
- 引用文件时，只需要写默认文件名，不带文件后缀。

6.2.3　指定解析 node_modules 包中的多端文件

从 Taro 3.x 开始，多端文件由 MultiPlatformPlugin 插件解析。它是一个增强解析插件，在 Taro 内部会被默认加载，但是该插件默认不解析 node_modules 中的文件。所以如果你期望将多端文件统一开发，然后发布到 npm 仓库进行使用，则需要配置 MultiPlatformPlugin 插件的解析规则。换言之，告诉该插件需要解析你提供的这个多端文件 npm 包。

假如我们有一个 npm 包，名叫@taro-mobile，需要 Taro 解析里面的多端文件，则可以在 Taro 的项目配置文件中修改 MultiPlatformPlugin 配置，示例如下：

```
//mini 也可改为 h5，分别对应小程序与 H5 端配置
mini: {
  webpackChain (chain) {
    chain.resolve.plugin('MultiPlatformPlugin')
      .tap(args => {
        return [...args, {
          include: ['@taro-mobile']
        }]
      })
```

```
   }
}
```

6.3　多端同步调试与打包

前面两节介绍了使用 Taro 进行多端开发时常用的编译配置、设计稿与尺寸单位约定及多端开发方案。我们还面临一个问题，就是项目的多端同步调试与打包。Taro 默认没有配置多端输出文件路径，所以每次只能调试或打包一个端的应用。如果需要同时调试多个端的应用，则需要修改项目编译配置以支持，配置修改示例如下：

```
//config/index.js
const config = {
  outputRoot: `dist/${process.env.TARO_ENV}`
}
```

通过配置 outputRoot 参数，在运行不同端编译或打包命令时，编译生成的文件会分别存放在指定文件夹下，这些文件夹以各端名称命名。由此可见，上一节所述基于环境变量名的多端开发方案用途颇广。配置该参数后，使用命令行同时启动支付宝小程序和微信小程序，命令如下：

```
npm run dev:alipay
npm run dev:weapp
```

命令运行编译结束后，项目生成的文件结构如下图所示。然后使用各平台提供的开发工具调试即可。

6.4　本章小结

　　本章首先介绍了如何使用 Taro 同步开发多端应用，开发之前需要根据项目具体需求和设计稿合理配置项目配置文件。在开发多端应用过程中，可供选择的方案有 3 种，可根据模块开发需求选择合适方案。然后介绍了如何修改配置以支持多端同步调试与打包。在实际开发过程中，多端开发还面临一个问题——统一 UI，因为每个平台小应用的默认主题是不一致的，而我们却期望产品在各端的 UI 表现一致，这时就可以基于 Taro 开发一套多端统一组件库，或者使用 Taro UI。下一章我们将介绍 Taro UI 的使用。

第 7 章

Taro UI

　　Taro UI 是一款基于 Taro 框架开发的多端 UI 组件库。使用 Taro UI 能让各端应用拥有一致的视觉表现，同时 Taro UI 提供了开箱即用的组件，覆盖了大多数 UI 及交互场景。

7.1　安装及使用

7.1.1　快速上手

在 Taro 项目中使用 Taro UI 很简单，首先安装 Taro UI，安装方法如下：

```
npm install --save taro-ui
```

因为 Taro UI 库是运行时编译的，而打包编译默认不会处理 node_modules 中的内容，因此需要在 Taro 项目配置中修改参数 esnextModules，示例如下：

```
const config = {
  h5: {
    esnextModules: ['taro-ui']
  }
}
```

现在我们就可以在项目中使用 Taro UI 了。

例如我们需要使用 Button 组件，那么只需要从 Taro UI 导入 AtButton，并且导入该组件对应的样式文件即可，示例如下：

```
import { AtButton } from 'taro-ui'
import 'taro-ui/dist/style/components/button.scss'
```

当然，如果不考虑按需加载问题，也可以在项目入口文件 App.js 中一次导入所有组件的样式文件，示例如下：

```
import 'taro-ui/dist/style/index.scss'
```

按钮组件的完整使用代码如下：

```
import Taro, { Component } from '@tarojs/taro'
import { View } from '@tarojs/components'
```

```
import { AtButton } from 'taro-ui'
import './index.scss'
export default class Index extends Component {
  config = {
    navigationBarTitleText: '首页'
  }

  render () {
    return (
      <View className='index'>
        <AtButton type='primary'>Taro</AtButton>
      </View>
    )
  }
}
```

接下来就可以运行 Taro 启动命令进行项目调试了。

7.1.2　自定义主题

Taro UI 目前只有一套默认的主题配色，为满足业务和品牌上多样化的视觉需求，UI 库支持一定程度的样式定制。

注：请确保微信基础库版本在 2.2.3 以上。

目前支持 3 种自定义主题的方式，可根据实际需求进行不同程度的样式自定义。3 种方式如下：

- SCSS（变量覆盖）。
- globalClass（全局样式类）。
- 配置 customStyle 属性（不建议使用）。

1. SCSS

Taro UI 的组件样式是使用 SCSS 编写的，如果项目中也使用了 SCSS，则可以直接在项目中改变 Taro UI 的样式变量。新建主题样式变量定义文件，在该文件中对期望修改的样式变量值进行修改，然后在项目入口引入该样式文件即可。

创建 custom-variables.scss 文件并定义覆盖样式的值，示例如下：

```
//定义
$color-brand: #6190E8;
@import "~taro-ui/dist/style/index.scss";
```

之后在项目的入口文件中引入以上样式文件，示例如下：

```
import './custom-variables.scss'
```

2. globalclass

globalclass 是微信小程序定义的一套用于修改组件内部样式的方案。如果希望组件外的样式类能够影响组件内部，则可以将组件构造器中的 options.addGlobalClass 字段设置为 true（Taro UI 的组件均开启了此特性）。该特性从小程序基础库版本 2.2.3 开始支持。示例如下：

```
/* page/index/index.js   */
import Taro from '@tarojs/taro'
import { AtButton } from 'taro-ui'
import "./index.scss"
export default IndexPage extends Taro.Component {
  render () {
    return <AtButton className='my-button' />
  }
}
/**
 * 注意：page/index/index.scss 必须在 Page 中
 * .at-button 为组件内部类名,只需要写一样的类名去覆盖即可,但需要注意层级问题(使用方式跟传统 CSS
 * 一样)
```

```
**/
.my-button.at-button {
  color: red;
}
```

注：addGlobalClass 只对 Page 上的 class 起作用。换言之，如果在自定义的组件中使用 taro-ui，是无法在自定义组件内部通过 globalclass 方式去更改组件样式的。

同时，Taro UI 官网提供了主题生成器，可以在选择主题色值后一键下载样式主题文件，就可以在项目中使用了。该功能免去了开发者逐个修改样式变量的烦恼，提高了开发效率。

7.2　组件介绍

Taro UI 组件共分为 7 大类，分别为基础组件、视图组件、操作反馈、表单组件、布局组件、导航组件、高阶组件。不同类别的组件反映了其功能角色。在开发过程中，可根据不同的需求选择组件进行使用。

1. 基础组件

基础组件包括图标、按钮、浮动按钮，提供了常用图标及不同需求的按钮。

2. 视图组件

视图组件包括头像、文章样式、徽标、倒计时、幕帘、页面提示、通告栏、标签、时间轴、滑动视图容器、分隔符、步骤条，提供了关于页面布局、页面交互、视图场景分割等系列组件。

3. 操作反馈

操作反馈组件包括动作面板、活动指示器、模态框、进度条、轻提示、活动操作、消息通知，提供了一系列与操作反馈相关的交互式组件。

4. 表单组件

表单组件包括表单、输入框、数字输入框、单选按钮、多选框、评分、开关、多行文本域、选择器、搜索栏、滑动条、图片选择器、范围选择器，提供了一系列与表单录入相关的组件。

5. 布局组件

布局组件包括弹性布局、栅格布局、列表、卡片、浮动弹层、折叠面板，提供了一系列与页面布局相关的组件。

6. 导航组件

导航组件包括导航栏、标签栏、标签页、分段器、分页、抽屉、索引选择器，提供了一系列关于页面跳转、页面内多模块交互性的组件。

7. 高阶组件

高阶组件包括日历，提供了日历选择功能组件。

7.3　本章小结

本章介绍了 Taro UI 的使用。使用 Taro UI 不仅能降低开发成本，还能保证多端样式统一。Taro UI 支持按需加载，所以建议使用按需导入的方式优化项目。同时，Taro UI 支持主题定制，通过覆盖样式变量值或添加类样式控制，从而修改 Taro UI 组件样式。是它，让开发者将重心聚焦到业务逻辑实现上。

第 8 章

插件机制

　　如果你使用过 Webpack 或者 Vue，相信对插件这个概念并不陌生。插件能够使你在框架之外拓展框架能力，就像 Webpack 的 html-webpack-plugin 或 Vue.use(Vuex)。为了让开发者能够通过编写插件的方式来拓展更多功能，或者为自身业务定制个性化功能，Taro 引入了插件机制。

8.1　插件机制简介

在学习插件之前，我们首先来聊聊插件的概念。插件首先要满足的特性是插拔式，不与框架本身耦合，在框架之外拓展框架能力。那么在 Taro 中，什么内容可以通过插件机制实现呢？通常来说，与业务不耦合且增强业务的功能可选择使用插件实现，如数据 mock。

在 Taro 中，插件的使用很简单，只需要在项目编译配置文件中配置 plugin 即可。提供给 Taro 使用的插件可以是从 npm 下载的依赖包，也可以是本地开发的自定义插件，使用方式分别如下。

插件包的简单引入方式，示例如下：

```
const config = {
  plugins: [
    '@tarojs/plugin-mock',
  ]
}
```

配置插件参数，示例如下：

```
const config = {
  plugins: [
    ['@tarojs/plugin-mock', {
      mocks: {
        '/api/user/1': {
          name: 'judy',
          desc: 'Mental guy'
        }
      }
    }],
  ]
}
```

本地开发的自定义插件的简单引入方式，示例如下：

```
const config = {
  plugins: [
    '/absulute/path/plugin/filename',
  ]
}
```

配置插件参数，示例如下：

```
const config = {
  plugins: [
    ['/absulute/path/plugin/filename', {
      mocks: {
        '/api/user/1': {
          name: 'judy',
          desc: 'Mental guy'
        }
      }
    }],
  ]
}
```

当然，如果你需要配置一系列插件，这些插件通常是组合起来完成相关功能的，那么你可以通过插件集 presets 参数来进行配置。示例如下：

```
const config = {
  presets: [
    //引入 npm 安装的插件集
    '@tarojs/preset-sth',
    //引入 npm 安装的插件集，并传入插件参数
    ['@tarojs/plugin-sth', {
      arg0: 'xxx'
    }],
    //从本地绝对路径引入插件集，同样如果需要传入参数也是如此
    '/absulute/path/preset/filename',
  ]
}
```

8.2 插件使用

Taro官方提供了一些通用插件，如用于数据mock的插件，该插件用于Taro开发过程中的API功能调试。我们以@tarojs/plugin-mock插件为例，介绍插件的使用。首先安装@tarojs/plugin-mock，示例如下：

```
npm install --save-dev @tarojs/plugin-mock
```

安装完该插件后，在项目编译配置文件中配置插件，示例如下：

```
const config = {
  plugins: [
    ['@tarojs/plugin-mock', {
      mocks: {
        'GET /api/user/1': {
          name: 'Taro',
          desc: 'Mental guy'
        }
      }
    }],
  ]
}
```

完成配置，启动项目。在 Taro 中发起请求时，如果路径与该处配置的路径匹配，则会返回本地 mock 数据，从而完成 API 调试。例如，在 Index 组件中请求该 mock 数据：

```
import Taro, { useEffect, useState } from '@tarojs/taro';
import { View } from '@tarojs/component';

function Index() {
  const [user, setUser] = useState({})
  useEffect(() => {
    Taro.request({
      url: '/api/user/1',
      method: 'GET'
    })
```

```
}, [])

return (
  <View>name: {user.name}</View>
)
}
```

这时，组件挂载完发起数据请求，而该请求路径与 plugin-mock 插件配置的路径匹配，因此直接返回插件中定义的返回数据，最终页面渲染为 name: Taro。在实际开发过程中，返回数据往往比较复杂，如果将所有 plugin-mock 的内容都定义在编译配置文件中显然不合理，因此我们通常在项目根目录下创建一个文件夹 mock，将项目中各个模块的 API 组织在一起。同时，为了更方便地生成 mock 数据，推荐使用 mockjs。安装 mockjs，示例如下：

```
npm install --save-dev mockjs
```

在/mock/api.js 文件中使用 mockjs 生成 mock 数据，示例如下：

```
import mockjs from 'mockjs'

export default {
  'GET /api/tags': mockjs.mock({
    'list|1-10': [{
      //属性 id 是一个自增数，起始值为 1，每次增 1
      'id|+1': 1
    }]
  })
}
```

8.3　自定义插件

8.3.1　插件结构

Taro插件本质上是一个函数，只是该函数需要满足一个特定的结构。插件函数接收两个参数，第一个参数是执行上下文，第二个参数是相关参数配置。第一个参数提供了一些钩子函数，如编译开始或编译结束触发函数，同时，通过该参数提供的registerCommand方法可以自定义一些命令，通过taro xxx 执行。第二个参数为插件调用时传入的参数，该参数在编译配置文件中指明。

定义一个基本插件，示例如下：

```
export default (ctx, options) => {
 ctx.onBuildStart(() => {
   console.log('编译开始！')
 })
 ctx.onBuildFinish(() => {
   console.log('编译结束！')
 })
}
```

该示例演示了插件定义时执行上下文所提供的两个 API 函数，onBuildStart 函数在编译开始时执行，一般与插件相关的初始化工作都可以在这里完成；onBuildFinish 函数在编译结束时执行，一般编译结束时需要执行的操作都可以在这里定义。

8.3.2　插件使用场景

自定义插件有如下几种场景：

- 命令行扩展。
- 编译过程扩展。

- 编译平台拓展。

1. 命令行拓展

可以通过编写插件来为 Taro 拓展命令行的命令。在之前版本的 Taro 中，命令行的可使用命令是固定的，若需要进行扩展，只能通过修改 Taro 源码的方式，而有了插件机制后，就可以通过定义插件的方式拓展 Taro 的命令行命令。

该功能通过ctx提供的registerCommand方法实现，该方法能够注册一个命令，同时指定命令执行时可以配置的参数，完成命令拓展。例如，现在有这样一个需求，在Taro打包完毕后，想要通过taro publish命令将生成的内容上传至服务器，这时就可以通过插件注册的形式来实现，示例如下：

```
export default (ctx) => {
  ctx.registerCommand({
    name: 'upload',
    optionsMap: {
      '--remote': '服务器地址'
    },
    synopsisList: [
      'taro upload --remote xxx.xxx.xxx.xxx'
    ],
    async fn () {
      const { remote } = ctx.runOpts
      await uploadDist()
    }
  })
}
```

从该示例容易看出，定义一个拓展命令的插件需要指定三个参数和一个函数。三个参数的含义如下表所示。

参　　数	描　　述
name	命令名
optionsMap	命令可以指定的参数
synopsisList	用于列举自定义命令的使用方法

最后当命令执行时，需要一个函数来处理该命令，也就是上例中的 fn 函数。在该函数中，通过 ctx 提供的 runOpts 参数获取命令在执行时所传递的参数 remote，进而执行后续上传操作。

在定义好该插件后，在编译配置文件中配置该插件，然后就可以通过 taro upload --remote xxx.xxx.xxx.xxx 命令将编译文件上传到指定服务器。当然这只是一个示例，上传到服务器还需要处理服务器的权限相关问题，在此不做展开。

2. 编译过程拓展

在编译过程中，如果需要更改编译配置，操作编译资源，也可以通过定义插件的方式实现。例如需要在编译过程中修改 Webpack 某个配置，可以使用 ctx.modifyWebpackChain 函数修改，这与在编译配置文件中定义 webpackChain 的方式类似，都能达到修改 Webpack 配置的目的。示例如下：

```
export default (ctx) => {
  ctx.modifyWebpackChain(({ chain }) => {
    chain.merge({
      module: {
        rules: {
          myloader: {
            test: /\.md$/,
            use: [{
              loader: 'raw-loader',
              options: {}
            }]
          }
        }
```

```
    }
  })
 })
}
```

如果想修改编译后的资源，则可以使用 ctx.modifyBuildAssets，示例如下：

```
export default (ctx) => {
 ctx.modifyBuildAssets(({ assets }) => {
   //修改资源
 })
}
```

同时，可以使用 ctx.modifyBuildTempFileContent 修改编译过程中的中间文件，例如修改 App 或者 page 的配置内容等。示例如下：

```
export default (ctx) => {
 ctx.modifyBuildTempFileContent(({ tempFiles }) => {
   //修改生成的临时文件
 })
}
```

3. 编译平台拓展

使用插件提供的 ctx.registerPlatform 还能对编译平台进行拓展，Taro 中内置的平台支持都是通过这个 API 实现的。但是该功能还在优化中，使用时需要注意。

8.3.3　插件环境变量

1. ctx.paths

包含当前执行命令的相关路径，所有路径如下（不是所有命令都会拥有以下所有路径）：

- ctx.paths.appPath，当前命令执行的目录，如果是 build 命令，则为当前项目路径。

- ctx.paths.configPath，当前项目配置目录，如果是 init 命令，则没有此路径。

- ctx.paths.sourcePath，当前项目源码的路径。

- ctx.paths.outputPath，当前项目输出代码的路径。

- ctx.paths.nodeModulesPath，当前项目所用的 node_modules 路径。

2. ctx.runOpts

获取当前执行命令所带的参数，如命令 taro upload --remote xxx.xxx.xxx.xxx，则 ctx.runOpts 值为：

```
{
 _: ['upload'],
 options: {
  remote: 'xxx.xxx.xxx.xxx'
 },
 isHelp: false
}
```

3. ctx.helper

ctx.helper 为 @tarojs/helper 包的快捷使用方式，包含其所有 API。

4. ctx.initialConfig

获取项目配置。

5. ctx.plugins

获取当前所有挂载的插件。

8.3.4　插件方法

Taro 插件基于 Tapable 开发，在此基础上提供了一些用于处理插件的方法。

1.　ctx.register

使用该方法注册一个可供其他插件调用的钩子，接收一个参数，即 Hook 对象。注册该钩子后，可通过 ctx.applyPlugins 方法触发。Hook 对象的结构如下所示：

```
const hook {
 //Hook 名，会作为 Hook 标识
 name: string
 //Hook 所处的 plugin id，不需要指定，在 Hook 挂载的时候自动识别
 plugin: string
 //Hook 回调处理函数
 fn: Function
 before?: string
 stage?: number
}
```

一般约定，按照传入的 Hook 对象的 name 来区分 Hook 类型，主要分为以下 3 类。

- **事件类型**：name 以 on 开头，如 onStart，这种类型的 Hook 只管触发而不关心 Hook 回调 fn 的值，Hook 的回调 fn 接收一个参数 options，为触发钩子时传入的参数。
- **修改类型**：name 以 modify 开头，如 modifyBuildAssets，这种类型的 Hook 被触发后会返回做出某项修改后的值，Hook 的回调 fn 接收两个参数 options 和 args，分别为触发钩子时传入的参数和上一个回调执行的结果。
- **添加类型**：name 以 add 开头，如 addConfig，该类型 Hook 会将所有回调的结果组合成数组并最终返回。Hook 的回调 fn 接收两个参数 options 和 args，分别为触发钩子时传入的参数和上一个回调执行的结果。

Hook 回调函数可以是异步的，也可以是同步的，同一个 Hook 标识下的一系列回调会借助 Tapable 的 AsyncSeriesWaterfallHook 组合成异步串行任务依次执行。

2. ctx.registerMethod

该方法用于向 ctx 挂载一个方法，供其他插件直接调用。使用方式如下：

```
ctx.registerMethod('methodName')
ctx.registerMethod('methodName', () => {
  //callback
})
ctx.registerMethod({
  name: 'methodName'
})
ctx.registerMethod({
  name: 'methodName',
  fn: () => {
    //callback
  }
})
```

使用该方法必须指定方法名，但方法处理函数是可选的。如果指定回调函数，则直接向ctx挂载该方法，调用ctx.methodName时直接执行registerMethod所指定的回调函数；如果不指定回调函数，则与ctx.register注册钩子一样需要通过ctx.applyPlugins方法触发，而具体要执行的钩子回调则通过ctx.methodName指定，可以指定多个要执行的回调，最后会按照注册顺序依次执行，内置编译过程中的API均是通过这种方式注册的，如ctx.onBuildStart。

3. ctx.registerCommand

该方法用于注册一个 Taro 命令行命令，例如定义 Taro 命令行的创建命令，示例如下：

```
ctx.registerCommand({
  name: 'create',
  fn () {
    const {
      type,
      name,
      description
```

```
  } = ctx.runOpts
  const { chalk } = ctx.helper
  const { appPath } = ctx.paths
  if (typeof name !== 'string') {
    return console.log(chalk.red('请输入需要创建的页面名称'))
  }
  if (type === 'page') {
    const Page = require('../../create/page').default
    const page = new Page({
      pageName: name,
      projectDir: appPath,
      description
    })
    page.create()
  }
 }
})
```

4. ctx.registerPlatform

使用该方法可以注册一个编译平台，例如使用该方法注册支付宝小程序编译平台，示
例如下：

```
ctx.registerPlatform({
  name: 'alipay',
  useConfigName: 'mini',
  async fn ({ config }) {
    const { appPath, nodeModulesPath, outputPath } = ctx.paths
    const { npm, emptyDirectory } = ctx.helper
    emptyDirectory(outputPath)
    //准备 miniRunner 参数
    const miniRunnerOpts = {
      ...config,
      nodeModulesPath,
      buildAdapter: config.platform,
      isBuildPlugin: false,
```

```
      globalObject: 'my',
      fileType: {
        templ: '.awml',
        style: '.acss',
        config: '.json',
        script: '.js'
      },
      isUseComponentBuildPage: false
    }
    ctx.modifyBuildTempFileContent(({ tempFiles }) => {
      const replaceKeyMap = {
        navigationBarTitleText: 'defaultTitle',
        navigationBarBackgroundColor: 'titleBarColor',
        enablePullDownRefresh: 'pullRefresh',
        list: 'items',
        text: 'name',
        iconPath: 'icon',
        selectedIconPath: 'activeIcon',
        color: 'textColor'
      }
      Object.keys(tempFiles).forEach(key => {
        const item = tempFiles[key]
        if (item.config) {
          recursiveReplaceObjectKeys(item.config, replaceKeyMap)
        }
      })
    })
    //build with webpack
    const miniRunner = await npm.getNpmPkg('@tarojs/mini-runner', appPath)
    await miniRunner(appPath, miniRunnerOpts)
  }
})
```

5. ctx.applyPlugins

该方法用于触发 ctx.register 或 ctx.registerMethod 定义的钩子，接收参数正是 Hook

注册时指定的 name，示例如下：

```
ctx.applyPlugins('onStart')
const assets = await ctx.applyPlugins({
  name: 'modifyBuildAssets',
  initialVal: assets,
  opts: {
    assets
  }
})
```

6. ctx.addPluginOptsSchema

该方法用于为插件入参添加校验，接收一个函数类型参数，函数入参为 joi 对象，返回值为 joi schema，joi 用于定义对象规则，可自行查阅相关资料学习。

使用方式如下：

```
ctx.addPluginOptsSchema(joi => {
  return joi.object().keys({
    mocks: joi.object().pattern(
      joi.string(), joi.object()
    ),
    port: joi.number(),
    host: joi.string()
  })
})
```

7. ctx.writeFileToDist

该方法用于向编译结果目录写入文件，接收两个参数，第一个参数是文件放入编译结果目录下的路径，第二个参数是文件内容。

8. ctx.generateFrameworkInfo

该方法用于生成编译信息文件，接收一个参数，为平台名。

9. ctx.generateProjectConfig

该方法用于根据当前项目配置，生成最终项目配置，接收两个参数，第一个参数是源码中的配置名，第二个参数是最终生成的配置名。

8.4　本章小结

本章介绍了 Taro 中较难理解但是颇有用途的一个特性——插件机制。插件机制提供给开发者众多能力，例如，自定义业务相关插件辅助业务开发，自定义命令拓展 Taro 命令行工具，自定义 Hooks 处理自定义处理逻辑，甚至可以借助该功能拓展编译规则，从而使 Taro 支持更多端应用的编译工作。工作中用好 Taro 插件机制能够极大地提高开发和构建效率。

第 9 章

性能优化与原理剖析

　　软件在开发迭代过程中需要不断优化，有产品交互层面的优化、项目框架优化、功能实现优化等。产品交互层面的优化是为了提高产品易用性；技术层面的优化是为了提高软件流畅度。本章介绍在使用 Taro 开发项目时，如何进行基本的性能优化，介绍 Taro 框架原理、Taro 脚手架创建项目的流程与原理。

9.1　性能优化

性能优化的途径很多，Taro 的编译与打包借助 Webpack，可以考虑用项目配置中的 webpackChain 参数对 Webpack 进行配置。当然 Taro 默认已经对项目的编译和打包做了部分优化，如果在开发过程中需要更细致的优化，可以自行配置。关于项目静态资源，如项目常使用的图片、视频、字体等文件，一般可以存放在 OSS 服务器中，分发资源请求。另外，Taro 提供了配置预渲染功能，能够让开发者通过简单配置，提高页面初始化渲染速度。

9.1.1　Prerender

Prerender 是由 Taro CLI 提供的在小程序端提高页面初始化渲染速度的一种技术。需要注意的是，这一特性只在 **Taro 3.0** 以上版本支持。该技术的实现原理与服务端渲染类似：将页面初始化为无状态的**ml，在框架和业务逻辑运行之前执行渲染流程。经过 Prerender 的页面，初始渲染速度通常会比原生小程序更快。

我们为什么需要预渲染呢？这就需要了解页面加载时需要经历的步骤：

（1）框架将页面元素解析为虚拟 DOM。
（2）Taro 在运行时解析虚拟 DOM 为序列化数据，并且使用 setData 驱动页面更新。
（3）小程序端渲染序列化数据。

相较于原生小程序或编译 H5，以上 3 步中的第 1、2 步是额外的处理。如果业务逻辑代码没有性能问题，则大多数性能瓶颈出在第 2 步上：由于初始化渲染是页面的整棵虚拟 DOM 树，且数据量较大，因此触发更新的函数 setData 需要传递一个比较大的数据，这就会导致初始化页面时出现一段时间白屏。这种情况通常发生在渲染的**ml 节点数比较多或用户机器性能较低的时候。

在 Taro 中使用 Prerender 很简单，只需要在项目配置文件中配置即可。例如项目中的首页需要使用预渲染，就可以在项目配置文件中进行如下配置：

```
const config = {
  mini: {
    prerender: {
      //所有以 pages/index/开头的页面都进行 Prerender 处理
      match: 'pages/index/**',
      //pages/any/way/index 也会进行 Prerender 处理
      include: ['pages/any/way/index'],
      //pages/detail/index/index 不会进行 Prerender 处理
      exclude: ['pages/detail/index/index']
    }
  }
};

module.exports = config
```

关于 Prerender 的相关配置如下表所示。

参　　数	说　　明
match	字符串或字符串数组，与之匹配的页面会进行 Prerender 处理
include	数组，页面路径与数组中的字符串完全一致的会进行 Prerender 处理
exclude	数组，页面路径与数组中的字符串完全一致的不会进行 Prerender 处理
mock	对象，在 Prerender 环境中运行的全局变量
console	布尔值，在 Prerender 过程中是否打印信息
transformData	自定义虚拟 DOM 树处理函数，函数返回值会作为 transformXML 的参数
transformXML	自定义 XML 处理函数，函数返回值是 Taro 运行初始化结束前需要渲染的**ml

以上 Prerender 的所有配置选项都是选填，大多数情况下只需关注 match、include、exclude 3 个选项，match 和 include 至少填写一个才能匹配到预渲染页面，三者可以共存，当匹配冲突时，解析的优先级是 exclude > include > match。

不过 Prerender 不是"银弹"，使用 Prerender 之后将会有以下问题需要关注：

（1）项目打包体积增加。Prerender 本质上是一种以空间换取时间的技术，体积增加的多寡取决于预渲染的**ml 数量的多少。

（2）Taro 运行时在将真实 DOM 和事件挂载前（这个过程在服务端渲染技术中被称为 hydrate），不会对预渲染的页面有任何操作。

（3）进行 Prerender 处理的页面不会触发生命周期函数，这一点与服务端渲染一致。若页面中有处理数据的需求，则可将对应操作提前到 getDerivedStateFromProps()中。

同时，对于执行 Prerender 处理的内容，Taro 提供了一些机制以支持差异处理。

在执行预渲染的容器中，有一个名为 PRERENDER 的全局变量且值为 true。可以通过判断这个变量是否存在，来为进行预渲染处理的页面单独编写业务逻辑，示例如下：

```
if (typeof PRERENDER !== 'undefined') {
  //处理一些逻辑
}
```

对于节点，Taro 提供了一个属性，可以设置节点是否需要在 Prerender 时显示，该属性的名称是 disablePrerender。当组件属性设置为 true 时，该组件和它的子孙组件都不会被渲染。

Taro 还允许开发者通过 transformData、transformXML 配置预渲染内容，示例如下：

```
const config = {
  //...
  mini: {
    prerender: {
      match: 'pages/**',
      transformData (data, { path }) {
        if (path === 'pages/video/index') {
          //如果 page/video/index 页面只预渲染一个 video 组件
          //关于 data 的数据结构可参考下文的数据类型签名
          data.nn = 'video'
          data.cn = []
          data.src =
'https://v.qq.com/iframe/player.html?vid=y081801rvth&tiny=0&auto=0'
          return data
```

```
        }

      return data
    }
  }
}
```

以上用于指定 data 属性的参数的数据类型如下：

```
{
  ["cn" /* ChildNodes */]: MiniData[]
  ["nn" /* NodeName */]: string
  ["cl" /* Class */]: string
  ["st" /* Style */]: string
  ["v" /* NodeValue */]: string
  uid: string
  [prop: string]: unknown
}
```

其实，有些场景下并不需要 Prerender，例如有一些组件只需保证在组件初次渲染后加载即可，借助 Taro 提供的生命周期函数+变量就能完成，示例如下：

```
import Taro, { useState, useEffect } from '@tarojs/taro';

function Demo() {
  const [mounted, setMounted] = useState(false)
  useEffect(() => {
    //使用 nextTick 确保本次 setState 不会和首次渲染合并更新
    Taro.nextTick(() => {
      setMounted(true)
    })
  }, [])
  return (
    <View>
      <FirstScreen /> /* 首屏需要加载的内容 */
      {mounted && <React.Fragment> /* CompA 并不在首屏中显示*/
```

```
      <CompA />
    </React.Fragment>}
  </View>
 )
}
```

这样的优化除了加快首屏渲染及 hydrate 的速度，还可以降低因使用 Prerender 带来的 **ml 体积增加问题。

9.1.2　虚拟列表

针对大数据量列表渲染，Taro 提供了虚拟列表方案。该方案原理很简单，只有当给定数据对应的条数出现在用户可视区域内时才展示。Taro 提供了 virtual-list 组件来实现虚拟列表，使用示例如下：

```
import VirtualList from `@tarojs/components/virtual-list`

function buildData (offset = 0) {
  return Array(100).fill(0).map((_, i) => i + offset);
}

const Row = React.memo(({ index, style, data }) => {
  return (
    <View className={index % 2 ? 'ListItemOdd' : 'ListItemEven'} style={style}>
      Row {index}
    </View>
  );
})

export default class Index extends Component {
  state = {
    data: buildData(0),
  }
```

```
render() {
  const { data } = this.state
  const dataLen = data.length
  return (
    <VirtualList
      height={500} /* 列表的高度 */
      width='100%' /* 列表的宽度 */
      itemData={data} /* 渲染列表的数据 */
      itemCount={dataLen} /* 渲染列表的长度 */
      itemSize={100} /* 列表单项的高度 */
    >
      {Row} /* 列表单项组件，这里只能传入一个组件*/
    </VirtualList>
  );
}
}
```

需要注意的是，这一特性只在 **Taro 3.0** 以上版本中支持。

9.1.3 组件更新条件

1. shouldComponentUpdate

当你清楚某些情况下组件不需要被重新渲染时，可以通过在shouldComponentUpdate
生命周期函数中根据条件返回false以跳过本次渲染更新。示例如下：

```
shouldComponentUpdate (nextProps, nextState) {
  if (this.props.color !== nextProps.color) {
    return true
  }
  if (this.state.count !== nextState.count) {
    return true
  }
  return false
}
```

2. Taro.PureComponent

你也可以让组件继承 Taro.PureComponent 类，这样一来无须手动实现 shouldComponentUpdate返回参数逻辑即可达到优化目的。因为Taro.PureComponent中已实现 shouldComponentUpdate 逻辑，判断的逻辑是将新旧props和新旧state分别做一次浅对比，如果对比结果为true，则更新视图，反之则不更新，以此来避免不必要的渲染。

3. Taro.memo

Taro.memo 是一个高阶组件，它和 PureComponent 非常相似。但它适用于函数式组件。如果你的函数组件在给定相同 props 的情况下渲染相同的结果，那么可以通过将其包装在 Taro.memo 中调用，以此通过记忆组件渲染结果的方式来提高组件的性能表现。这意味着在这种情况下，Taro 不会重新渲染组件。

在默认情况下，Taro.memo 只会对复杂对象做浅层对比（与 PureComponent 行为一致）。如果想要控制对比过程，则传入自定义比较函数来实现。示例如下：

```
function MyComponent(props) {
  //组件实现
}
function areEqual(prevProps, nextProps) {
  //判断逻辑，并返回一个Boolean 来决定组件在什么条件下需要重新渲染
}
export default Taro.memo(MyComponent, areEqual);
```

需要注意的是，areEqual 方法返回 true 表示对比结果一致不需要重新渲染，反之则需要重新渲染。这一点与 shouldComponentUpdate 相反。

9.2 Taro 框架原理

想要了解 Taro 框架原理与运行机制，我们可以从 Taro CLI 的命令入手。当项目中调用 npm run dev:h5 时，实际执行的命令是 taro build --type h5 –watch。沿着这个线索，我们

来到 Taro 框架工程项目，一探究竟。

注：本节源码参考 Taro 2.2.11。

9.2.1　Taro 框架结构分析

通过 git clone git@github.com:NervJS/taro.git 拉取 Taro 项目后，就可以查看 Taro 框架源码了。熟悉一个项目可以从 package.json 入手，主要看项目定义了哪些 script、使用了哪些依赖、入口是哪个文件等。Taro 项目的 package.json 的部分内容如下：

```
{
  "name": "@tarojs/taro",
  "private": true,
  "description": "Nerv-multi 多端开发解决方案",
  "main": "index.js",
  "scripts": {
    "lint": "eslint packages/*/src/**/*.js --fix",
    "docs": "cd website && docusaurus-build",
    "docs:serve": "cd website && docusaurus-start",
    "docs:version": "cd website && docusaurus-version",
    "docs:rename-version": "cd website && docusaurus-rename-version",
    "clear-all": "rimraf package-lock.json packages/*/node_modules
packages/*/package-lock.json",
    "bootstrap:ci": "lerna bootstrap --npm-client=yarn",
    "bootstrap:lerna": "lerna bootstrap -- --ignore-engines",
    "bootstrap": "npm-run-all clear-all bootstrap:lerna",
    "build": "lerna run build",
    "build:docs": "node ./build/docs.js",
    "build:docs-api": "ts-node
--project ./scripts/tsconfig.json ./scripts/docs-api.ts --verbose",
    "changelog": "conventional-changelog -p angular -i CHANGELOG.md -s -r 0",
    "release:lerna": "lerna publish --force-publish=* --exact --skip-temp-tag",
    "release:beta": "lerna publish --force-publish=* --exact --skip-temp-tag
--preid=beta --npm-tag=beta",
```

```
    "release": "npm-run-all build release:lerna && npm run changelog &&
node ./build/docs-version.js",
    "test": "lerna run --scope eslint-plugin-taro  --scope @tarojs/transformer-wx
--@scope @tarojs/with-weapp test"
  },
}
```

　　由上我们可以清晰地看到 Taro 项目定义的各个命令，但是这个 package.json 中的内容其实与框架功能本身没有太大联系。因为 Taro 项目维护了多个包，并且这些包之间会有严格的版本依赖关系，所以 Taro 使用了 lerna 来做项目包管理。Taro 项目架构示意如下：

```
├── ...
├── build
├── docs
├── lerna.json          //lerna 配置文件
├── package.json
├── scripts
├── packages
|   ├── ...
|   ├── taro
|   ├── taro-alipay
|   ├── taro-async-await
|   ├── taro-cli
|   ├── taro-components
|   ├── taro-components-qa
|   ├── taro-components-rn
|   ├── taro-h5
|   ├── ...
|   ├── taro-jd
|   ├── taro-mbox
|   ├── taro-mbox-common
|   ├── taro-mbox-h5
|   ├── taro-mbox-rn
|   ├── taro-qq
|   ├── taro-quickapp
|   ├── taro-redux
```

```
|   ├── taro-redux-h5
|   ├── taro-redux-rn
|   ├── taro-rn
|   ├── taro-rn-runner
|   ├── taro-router
|   ├── taro-router-rn
|   ├── taro-swan
|   ├── taro-transformer-wx
|   ├── taro-tt
|   ├── taro-weapp
|   └── taro-webpack-runner
|   ├── taro-with-weapp
└── yarn.lock
```

项目核心内容在 packages 文件夹下，Taro CLI 工程对应 packages 目录下的 taro-cli 目录，我们将视线转移到 taro-cli 文件夹。

9.2.2 Taro 编译原理

学习源码之前，我们再回顾一下 Taro 项目的启动命令。针对微信小程序使用 npm run dev:h5 命令，最终运行的命令是 taro build --type h5 --watch，其中--type 指定了编译目标的平台类型。Taro 处理的 build 命令逻辑定义在 bin 目录下的 taro-build 文件中。我们先来看一下 taro-cli 包目录，结构如下：

```
./
├── ...
├── bin          //命令行
|   ├── taro              //taro 命令
|   ├── taro-build        //taro build命令
|   ├── taro-config       //taro config命令
|   ├── taro-convert      //taro convert命令
|   ├── taro-create       //taro create命令
|   ├── taro-doctor       //taro doctor命令
|   ├── taro-info         //taro info命令
```

```
│   └── taro-init         //taro init 命令
│   ├── taro-update       //taro update 命令
├── src
│   ├── build.ts          //taro build 命令调用, 根据 type 类型调用不同的脚本
│   ├── index.ts          //入口文件
│   ├── plugin.ts         //插件处理
│   ├── rn.ts
│   ├── config            //Babel、解析器 babylon、autoprefixer browsers 等配置
│   ├── convertor         //代码转换处理器
│   ├── create
│   ├── doctor
│   ├── h5                //构建 H5 平台代码
│   ├── jdreact
│   ├── mini              //构建小程序平台代码
│   ├── quickapp          //构建快应用平台代码
│   ├── rn                //构建 React Native 平台代码
│   ├── taro-config
│   ├── ui
│   ├── util
├── templates             //脚手架模板
│   └── default
│       ├── appjs
│       ├── config
│       │   ├── dev
│       │   ├── index
│       │   └── prod
│       ├── editorconfig
│       ├── eslintrc
│       ├── gitignore
│       ├── index.js      //初始化文件、目录、copy 模板等
│       ├── indexhtml
│       ├── npmrc
│       ├── pagejs
│       ├── pkg
│       └── scss
└── package.json
```

现在我们从 taro build 命令的执行开始，介绍 Taro 编译过程。该命令的参数及配置处理定义在 bin/taro-build.ts 中，该文件的核心代码片段如下：

```
//...
const program = require('commander')
const build = require('../dist/build').default

program
  .option('--type [typeName]', 'Build type,
weapp/swan/alipay/tt/h5/quickapp/rn/qq/jd')
  .option('--watch', 'Watch mode')
  //... 此处省略了其他参数处理
  .parse(process.argv)

const { type, watch, ui, port, release, page, component, uiIndex } = program

//...
build(appPath, {
  type,
  watch,
  port: typeof port === 'string' ? port: undefined,
  release: !!release,
  page, component
})
```

该代码片段主要处理了以下两件事：一是处理控制台输入的命令与参数，二是将处理后的参数交给 build 文件执行文件编译工作。

顺藤摸瓜，我们来到 src/build.ts，核心代码片段示例如下：

```
import { BUILD_TYPES, PROJECT_CONFIG } from './util/constants'

export default async function build (appPath, buildConfig: IBuildConfig) {
  const { type, watch, platform, port, release, page, component, uiIndex } =
buildConfig
  switch (type) {
```

```
case BUILD_TYPES.H5:
  buildForH5(appPath, { watch, port })
  break
case BUILD_TYPES.WEAPP:
  buildForWeapp(appPath, { watch, page, component })
  break
case BUILD_TYPES.SWAN:
  buildForSwan(appPath, { watch, page, component })
  break
case BUILD_TYPES.ALIPAY:
  buildForAlipay(appPath, { watch, page, component })
  break
//... 此处省略了其他类型的处理代码
default:
    console.log(chalk.red('输入类型错误，目前只支持
weapp/swan/alipay/tt/h5/quickapp/rn 七端类型'))
 }


//编译微信小程序平台代码
function buildForWeapp (appPath: string, buildConfig: IBuildConfig) {
  require('./mini').build(appPath, Object.assign({
    adapter: BUILD_TYPES.WEAPP
  }, buildConfig))
}
//...
}
```

这部分内容主要负责的工作如下：

（1）接收从 taro-build.ts 中处理的文件地址与编译配置参数并处理。

（2）定义适配器，用于启动不同类型平台的代码编译工作。

经过 buildForWeapp 函数，通知编译器启动指定平台的编译工作。随着编译工作的启动，我们来到 src/mini/index.ts 文件下，直奔主题，看到该文件定义处理的核心逻辑，代码片段示例如下：

```
//...
export async function build (
  appPath: string,
  {
    watch,
    adapter = BUILD_TYPES.WEAPP,
    envHasBeenSet = false,
    port,
    release,
    page,
    component
  }: IMiniAppBuildConfig
) {
  const buildData = envHasBeenSet ? getBuildData() : setBuildData(appPath, adapter)
  const isQuickApp = adapter === BUILD_TYPES.QUICKAPP
  let quickappJSON
  await checkCliAndFrameworkVersion(appPath, adapter)
  process.env.TARO_ENV = adapter
  if (!envHasBeenSet) {
    setIsProduction(process.env.NODE_ENV === 'production' || !watch)
  }
  fs.ensureDirSync(buildData.outputDir)
  if (!isQuickApp) {
    //生成项目配置
    buildProjectConfig()
    await buildFrameworkInfo()
  } else {
    quickappJSON = readQuickAppManifest()
    setQuickappManifest(quickappJSON)
  }
  if (!isQuickApp) {
    copyFiles(appPath, buildData.projectConfig.copy)
  }
  if (page) {
    const pagePath = path.resolve(appPath, page).replace(buildData.sourceDir, '')
    //构建单页面
```

```
  await buildSinglePage(pagePath)
  return
}
//构建应用入口
const appConfig = await buildEntry()
//设置应用配置
setAppConfig(appConfig)
//构建应用
await buildPages()
if (watch) {
  //开启文件变更监听
  watchFiles()
}
}
```

从以上代码可以看出，项目编译是从 buildPages 方法调用开始的。在 buildPages 方法中，主要做了以下几件事：

（1）收集页面依赖，包括 style 依赖、js 依赖。

（2）为 script 文件编译做环境及参数准备。

（3）解析以上两步收集的文件。

（4）生成项目 json、js、wxml、wxss 等文件。

核心转换逻辑在 astProcess.ts 文件中。关于编译，需要了解一些前置知识，包括编译原理、babel。Taro 是怎么编译的呢？这就要先认识一下代码是什么。

代码是由遵循自己语言规范的字符串构成的文本。既然代码是字符串，那么我们就可以使用正则表达式等方法操作。Taro 就是使用 JavaScript 去编译 JavaScript 的。换言之，Taro 将 JavaScript 源码解析成另外一种格式的易于操作的 JavaScript 对象，该对象被称为抽象语法树（Abstract Syntax Tree，AST）。生成 AST 的工具被称为解析器（parser），我们需要借助 babel 来实现 AST 的构建工作。

Taro 在编译过程中使用了 @babel/core、@babel/traverse、@babel/generator、

@babel/types 等库。babel.transformFromAst 方法将代码转换为 AST，traverse 方法用于遍历 AST，generator 方法用于将处理后的 AST 转化为目标代码。

9.2.3 Taro 运行时

Taro 完成编译工作后，还需要处理运行时的各端适配工作。

1. 基础内容

以转换微信小程序为例，针对页面的生成，Taro 实现了一个 createPage 方法，该方法接收一个类作为参数，同时返回一个小程序 Page 方法所需的对象。我们可以在 createPage 中对编译时产出的类做各种期望的操作和优化。在编译时只需要 Page(createPage(componentName)) 即可。

Taro 组件每次更新都会调用 render 函数。与 React 不同的是，React 的 render 方法用于创建虚拟 DOM，而 Taro 的 render 方法用于创建数据，并且该方法会被重命名为 _createData。在 JSX 中定义使用的数据都在该方法中被创建，然后放到小程序 Page 或 Component 工厂方法的 data 中。最终 render 方法编译为如下代码：

```
_createData() {
 this.__state = arguments[0] || this.state || {};
 this.__props = arguments[1] || this.props || {};

 //...
 return this.__state;
}
```

在 Taro 中，还有一部分内容的转换极其重要，那就是 JSX 到 WXML 的转换。我们都知道 WXML 的语法规范类似 HTML，根据不同元素的类型，进行不同的转化处理。例如 Text 元素，Taro 通过 babel 构建语法树之后，该元素被标记为 JSXText，这部分内容直接转换为小程序中的 Text 元素即可。再如 Element 元素，对应的 AST 为 JSXElement，针对该类型元素，遍历 AST 以后生成如下的描述对象：

```
{
  type: 'element',
  tagName: 'text',
  attributes: [
    { bindtap: 'handleClick' },
    { 'wx:for': '{{add}}' },
    { 'wx:for-item': 'number' }
  ],
  children: [
    { type: 'text', content: '{{number}}' }
  ]
}
```

得到该描述对象以后，就能轻松生成 WXML 代码片段了。

2. 生命周期

接下来就是 Taro 组件中各个生命周期函数转换为微信小程序的生命周期函数了。组件初始化过程的生命周期函数转换很简单，如 Taro 中 componentDidMount 函数转换为小程序的 onReady 函数。

3. 更新

在 Taro 组件中，setState 转换为小程序的 setData。Taro 引入了像 nextTick 这样的函数，以此实现在编译时识别模板中用到的数据，在 setData 函数调用前进行数据差异比较，以提高 setState 的性能。nextTick 的引入是为了将连续多次 setState 合并，类似 React 源码中对更新调度优先级 expirationTime 机制的处理。

组件的更新处理相对复杂，Taro 为了提升性能在 setData 之前做了很多优化工作。例如，Taro 在编译过程中会找到所有在模板中使用的字段，并将该字段存储到 RenderParser 对象的 usedState 字段中，在状态数据更新时先比对差异生成最小化修改内容，进而进行

setData。

4. 事件处理

Taro 需要将使用 JSX 语法定义的事件处理函数转换为符合小程序语法的事件绑定规则，对应关系如下所示：

```
//Taro 中
<View onClick={this.handleClick}></View>
//转换为微信小程序
<view bindclick="handleClick"></view>
```

不难发现，Taro 在编译时需要将事件处理函数抽取绑定到对象上，运行时，将该处理函数绑定到小程序的 methods 中即可。代码片段示例如下：

```
function processEvent (eventHandlerName, obj) {
 obj[eventHandlerName] = function (event) {
  // ...
  scope[eventHandlerName].apply(callScope, realArgs)
 }
}
```

因为各类小程序的 API 相对接近，所以在实现转换上没有太大差别，但对于 H5、React Native 而言，需要处理的内容更多，需要实现对应路由处理，需要将对应 API 在各平台实现。对于 React Native 端编译来说，样式的处理也需要特殊实现，难度更大，代码量较多，此处不做展开，各位读者若感兴趣可自行阅读对应部分的源码。

9.3 Taro 3.x 原理概述

上一节基于 Taro 1.3.45 讲解了 Taro 原理，我们基本了解了 Taro 多端编译的实现原理。Taro 1.x 折射出 Taro 团队早期对于多端开发方案的探索，比较容易理解 Taro 原理。但站在今天这个节点来看 Taro，其实内部实现还有很多可优化之处，同时 Taro 向前迈出了一大步，支持使用主流的前端框架规范，而不仅是使用 React 语法规范来开发多端应用。基于这些考虑，Taro 进行了一次 360°无死角的重构，这次重构对于开发者而言并没有太大感知，但本次重构带给开发者的利好，最令人兴奋的当属**插件化**和**多框架支持**了。Taro 1.x 到 Taro 3.x 究竟在代码层面做了哪些重构呢？先看 taro-cli 项目结构，示例如下：

```
./
├── ...
├── bin
│   ├── taro              //Taro 命令
├── src
│   ├── index.ts          //入口文件
│   ├── cli.ts            //命令行处理
│   ├── rn.ts
│   ├── commands          //对于不同命令的处理
│   ├── config            //Babel、解析器 babylon、autoprefixer browsers 等配置
│   ├── convertor         //代码转换处理器
│   ├── create
│   ├── doctor
│   ├── jdreact
│   ├── presets
│   ├── rn                //构建 React Native 平台代码
│   ├── ui
│   ├── util
├── templates             //脚手架模板
│   └── default
│       ├── appjs
│       ├── config
│       │   ├── dev
│       │   ├── index
│       │   └── prod
│       ├── editorconfig
│       ├── eslintrc
│       ├── gitignore
│       ├── index.js      //初始化文件、目录、copy 模板等
│       ├── indexhtml
```

```
|       ├── npmrc
|       ├── pagejs
|       ├── pkg
|       └── scss
└── package.json
```

作为脚手架入口文件 taro，其定义很简单，实例化 CLI 对象并启动，代码示例如下：

```
#! /usr/bin/env node
require('../dist/util').printPkgVersion()

const CLI = require('../dist/cli').default
new CLI().run()
```

可见 CLI 处理逻辑定义在 src/cli.ts 中，该文件用于处理命令行输入的命令与参数。值得一提的是，该文件只定义了最核心的几个 Taro 命令，分别为 init、build、convert。其他命令使用 customCommand 的方式注册，这样就为我们自定义插件及 Taro 命令提供了可能。代码很精简，我们一睹为快：

```
import * as path from 'path'

import * as minimist from 'minimist'
import { Kernel } from '@tarojs/service'

import build from './commands/build'
import init from './commands/init'
import convert from './commands/convert'
import customCommand from './commands/customCommand'

export default class CLI {
  appPath: string
  constructor (appPath) {
    this.appPath = appPath || process.cwd()
  }

  run () {
```

```
  this.parseArgs()
}

parseArgs () {
  const args = minimist(process.argv.slice(2), {
    //...
  })
  const _ = args._
  const command = _[0]
  if (command) {
    const kernel = new Kernel({
      appPath: this.appPath,
      presets: [
        path.resolve(__dirname, '.', 'presets', 'index.js')
      ]
    })
    switch (command) {
      case 'build': {
        build(kernel, {
          platform: args.type,
          //...
        })
        break
      }
      case 'init': {
        const projectName = _[1] || args.name
        init(kernel, {
          //...
        })
        break
      }
      case 'convert': {
        convert(kernel, {
          //...
        })
        break
```

```
      }
      default:
        customCommand(command, kernel, args)
        break
    }
  } else {
    //...
    }
  }
}
```

我们可以清晰地看到，与上一节讲的源码完全不同，新版本中 Taro 在执行 build 时会借助 kernel 实现，build、init、convert 命令分别定义在 src/commands 下。至于其他命令，则通过插件机制 ctx.registerCommand 注册，此处不再赘述。遗忘的读者可翻阅 8.3 节自定义插件的内容。对于 build、init、convert 方法，第一个参数都是 kernel，这个对象的主要职责是什么呢？

kernel 定义在 taro-service 包中，其实现的主要功能如下：

（1）定义一个发布订阅系统，继承自 node.js 事件系统。

（2）结合 tapable 实现插件机制。

事件系统与 tapable 插件化给开发者带来了更大的拓展空间。核心代码示例如下：

```
//...
import { EventEmitter } from 'events'
import { AsyncSeriesWaterfallHook } from 'tapable'

export default class Kernel extends EventEmitter {
  //...
  async init () {
    this.debugger('init')
    this.initConfig()
    this.initPaths()
    this.initPresetsAndPlugins()
```

```
  await this.applyPlugins('onReady')
}
//...
async run (args: string | { name: string, opts?: any }) {
  //...
  await this.applyPlugins('onStart')
  //...
  if (opts && opts.platform) {
    opts.config = this.runWithPlatform(opts.platform)
  }
  await this.applyPlugins({
    name,
    opts
  })
}
}
```

平台相关注册定义在 taro-service/src/Plugin.ts 中，定义了插件注册、命令注册、平台注册、方法注册等，核心代码片段示例如下：

```
//...
import Kernel from './Kernel'

export default class Plugin {
  id: string
  path: string
  ctx: Kernel
  optsSchema: Function

  constructor (opts) {
    this.id = opts.id
    this.path = opts.path
    this.ctx = opts.ctx
  }

  //注册插件钩子
  register (hook: IHook) {
```

```
// ...
  this.ctx.hooks.set(hook.name, hooks.concat(hook))
}
//注册命令
registerCommand (command: ICommand) {
  //...
  this.ctx.commands.set(command.name, command)
  this.register(command)
}
//注册平台
registerPlatform (platform: IPlatform) {
  //...
  addPlatforms(platform.name)
  this.ctx.platforms.set(platform.name, platform)
  this.register(platform)
}
//...
}
```

　　各端平台的编译入口定义在 taro-cli/presets/platforms 下，不同端对应不同平台。以微信小程序的编译为例，在该文件夹下对应 weapp.ts 文件，该文件中定义了编译微信小程序所需的参数设置，对于编译与运行时的基本模板语法处理从未如此清晰。在微信小程序的编译参数中，定义了需要的目标文件的类型，适配于目标文件的基本模板语法。最后将定义好的参数传递给 taro-mini-runner 包进行处理，代码示例如下：

```
//...
export default (ctx: IPluginContext) => {
  ctx.registerPlatform({
    name: 'weapp',
    useConfigName: 'mini',
    async fn ({ config }) {
      //...
      //生成 project.config.json
      ctx.generateProjectConfig({
        srcConfigName: 'project.config.json',
```

```
    distConfigName: 'project.config.json'
  })
  //准备 miniRunner 参数
  const miniRunnerOpts = {
    ...config,
    nodeModulesPath,
    buildAdapter: config.platform,
    isBuildPlugin: false,
    globalObject: 'wx',
    fileType: {
      templ: '.wxml',
      style: '.wxss',
      config: '.json',
      script: '.js',
      xs: '.wxs'
    },
    isUseComponentBuildPage: true,
    templateAdapter: {
      if: 'wx:if',
      else: 'wx:else',
      elseif: 'wx:elif',
      for: 'wx:for',
      forItem: 'wx:for-item',
      forIndex: 'wx:for-index',
      key: 'wx:key',
      xs: 'wxs',
      type: 'weapp'
    },
    isSupportRecursive: false,
    isSupportXS: true
  }

  //build with Webpack
  const miniRunner = await npm.getNpmPkg('@tarojs/mini-runner', appPath)
  await miniRunner(appPath, miniRunnerOpts)
}
```

```
    }
```

定义好相关参数后，任务交接给 taro-mini-runner，由该包执行接下来的编译任务。对于 H5 环境，使用 taro-webpack-runner 处理编译。同理，对于 React Native，使用 taro-rn-runner 处理编译。以微信小程序为例，核心代码示例如下：

```
//...
import * as webpack from 'webpack'

export default async function build (appPath: string, config: IBuildConfig):
Promise<webpack.Stats> {
 //...
 const newConfig = await makeConfig(config)
 /** 初始化 webpackChain */
 const webpackChain = buildConf(appPath, mode, newConfig)
 //...
 return new Promise<webpack.Stats>((resolve, reject) => {
  const compiler = webpack(webpackConfig)
  const onFinish = function (error, stats: webpack.Stats | null) {/**...**/}
  const callback = async (err: Error, stats: webpack.Stats) => {
   //如果构建过程出错，则终止
   if (err || stats.hasErrors()) {
    const error = err ?? stats.toJson().errors
    printBuildError(error)
    onFinish(error, null)
    return reject(error)
   }
   //是否需要预加载
   if (!isEmpty(newConfig.prerender)) {
    prerender = prerender ?? new Prerender(newConfig, webpackConfig, stats)
    await prerender.render()
   }
   onFinish(null, stats)
   resolve(stats)
  }
  //如果指定 watch 参数，则开启文件监听
```

```
  if (newConfig.isWatch) {
    bindDevLogger(compiler)
    compiler.watch({
      aggregateTimeout: 300,
      poll: undefined
    }, callback)
  } else {
    bindProdLogger(compiler)
    compiler.run(callback)
  }
})
}
```

转换小程序的模板转换规则定义在 taro-mini-runner/src/templates 下，包括适配器、组件适配等，最终编译工作通过 taro-loader 的执行而真正启动。更多运行时的适配处理在此不再赘述，原理同 9.2 节所述，有兴趣的读者可以结合 taro-loader、taro-runner-utils 包进行学习。

重构后的Taro不仅提供了更多诸如插件机制、预渲染等特性，而且源码的可读性更高，架构更清晰，值得开发者阅读学习。

9.4　本章小结

本章介绍了 Taro 项目性能优化的知识，我们可以通过 Prerender 预渲染提升渲染速度，利用虚拟列表解决大数据列表的性能问题，同时可以自定义组件更新重渲染条件，从而达到优化目的。还介绍了 Taro 框架多端开发的实现原理，通过对 Taro 1.x 源码的讲解，介绍了 Taro 基本原理。通过对 Taro 3.x 源码的简单介绍，了解了重构后的 Taro 实现，以及插件化机制和预渲染特性原理，开发者更多框架拓展能力的提升得益于本次升级。

至此，我们完成了 Taro 知识点的学习，相信前 9 章的学习让你对 Taro 的使用及 Taro 原理有了比较深刻的认识。阳明先生曾说知需"事上练"，对于事物有了基本认知后，我们就需要立刻通过实践更深入地理解事物本质，知行合一。接下来的实战部分，共勉！

第 10 章

多端开发环境搭建

本章介绍各端开发前需要做的准备，包括微信小程序开发账号注册、微信小程序开发调试与发布流程、支付宝小程序账号注册与开发发布、针对原生应用开发的 React Native 开发环境搭建。

10.1　微信小程序开发环境搭建

1. 注册微信小程序账号

前往微信公众平台官网进行注册，注册完成后登录微信公众平台，选择"小程序"设置账号类型，填写邮箱及密码并激活邮箱。点击发送的激活链接，完成后续注册，主要包括小程序主体选择与验证、管理员信息录入等，至此完成小程序账号注册激活。前往微信公众平台官网首页登录，登录后需要设置，如果是企业微信小程序，则需要进行付款验证。完成付款验证后，补充小程序的其他信息，如小程序图标、小程序介绍及选择服务范围等。

2. 绑定开发者

登录微信公众平台小程序，进入用户身份-开发者，新增绑定开发者。个人主体小程序最多可绑定 5 个开发者、10 个体验者。未认证的组织类型小程序最多可绑定 10 个开发者、20 个体验者，已认证的小程序最多可绑定 20 个开发者、40 个体验者。

3. 获取 AppId

进入设置-开发设置，获取 AppId 信息。该 AppId 可以作为微信小程序的"身份证号码"。

4. 代码审核与发布

完成开发工作以后，就可以提交代码进行测试了。完成测试预览后，登录微信公众平台小程序，进入开发管理，开发版本中展示已上传的代码，管理员可提交审核或者删除代码。发布前需要填写重要业务页面的类目与标签，重要业务页面组数不多于 5 组。需要注意的是，如果是需要登录授权的微信小程序，则需要为审核人员提供登录测试账号，在完成以上配置后，提交审核。在开发管理页中可以查看审核版本模块的进度。

5. 下载微信小程序开发者工具

前往微信公众平台网页，选择微信小程序开发文档。在文档中根据系统版本选择工具进行下载。接下来就可以使用 Taro 创建项目，并在微信小程序开发者工具中进行调试了。

6. 创建 Taro 项目

Taro 项目的创建此处不再赘述，如需查阅请前往 1.3 节。Taro 项目创建成功后，需要修改项目配置文件 config/index.js，因为是多端并行开发的，所以需要将 outputRoot 设置为 dist/${process.env.TARO_ENV}，关于多端开发内容介绍可查阅第 6 章的内容。

7. 启动 Taro 编译微信小程序

Taro 编译微信小程序的命令示例如下：

```
npm run dev:weapp
```

或者：

```
yarn dev:weapp
```

这时会在项目根目录下生成一个 dist 文件夹，该文件夹下生成了打包好的微信小程序项目 weapp，使用微信开发者工具打开该文件夹即可开始调试开发。

10.2　支付宝小程序开发环境搭建

1. 注册入驻

需要注册支付宝账户，然后以开发者的身份入驻支付宝开放平台，才能创建小程序。如果没有支付宝账户，则需要先注册，注册支付宝有商家和个人之分。注册成功后登录管理后台申请入驻。

2．创建小程序

在实际开发之前，需要在小程序管理后台创建项目。创建步骤如下：

（1）登录小程序开发中心，可以看到"我的小程序"页面。

（2）在"我的小程序"页面右侧单击"创建"按钮。

（3）在程序创建页面填写相关信息，完成后单击"创建"按钮。

3．安装开发工具

前往支付宝开发平台网页下载小程序开发工具，下载并安装后就可以运行调试支付宝小程序项目了。

4．创建 Taro 项目

Taro 项目的创建此处不再赘述，如需查阅请前往 1.3 节。Taro 项目创建成功后，需要修改项目配置文件 config/index.js，因为是多端并行开发的，所以需要将 outputRoot 设置为 dist/${process.env.TARO_ENV}，关于多端开发内容的介绍可查阅第 6 章的内容。

5．启动 Taro 编译支付宝小程序

Taro 编译支付宝小程序的命令示例如下：

```
npm run dev:alipay
```

或者：

```
yarn dev:alipay
```

这时会在项目根目录下生成一个 dist 文件夹，该文件夹下生成了打包好的支付宝小程序项目 alipay，使用支付宝小程序开发工具打开该文件夹即可开始调试开发。

10.3　React Native 开发环境搭建

React Native 开发环境搭建需要区分操作系统，对于 iOS 开发，只能在 macOS 系统下进行。本节介绍在 macOS 系统和 Windows 系统下搭建应用开发环境，首先介绍在 macOS 系统下搭建 iOS 与 Android 开发环境。

10.3.1　在 macOS 系统下搭建 iOS 开发环境

首先需要安装一些依赖，包括 node.js、watchman、yarn、react-native-cli。

node.js 与 watchman 推荐使用 macOS 软件管理工具 Homebrew。安装命令如下：

```
brew install node
brew install watchman
```

然后通过 npm 或者 Yarn 安装 React Native 命令行工具，示例如下：

```
npm install -g react-native-cli
```

安装完这些依赖之后，还要安装 iOS 开发工具 Xcode，Xcode 可在 App Store 下载最新版。安装完以上依赖和工具后，就可以使用 Taro 编译生成 iOS 应用了。关于项目编译与调试后面统一介绍。

10.3.2　在 macOS 系统下搭建 Android 开发环境

首先需要安装一些依赖，包括 node.js、watchman、yarn、react-native-cli，安装方法同上，此处不再赘述。

安装完以上依赖后，要安装 Android 开发环境，安装 Android 环境前需要安装 Java 环境，确保 JDK 版本为 1.8。

1. 安装 Android Studio

Android 开发工具 Android Studio 的安装比较烦琐，并且 Android Studio 的相关依赖与插件可能会出现无法访问的情况，需要自行下载安装。需要安装的内容如下：

- Android SDK。
- Android SDK Platform。
- Performance (Intel ® HAXM)。
- Android Virtual Device。

2. 安装 Android SDK

在安装 Android Studio 时，默认安装最新版 Android SDK。目前 React Native 应用需要的 SDK 版本为 Android 9(Pie)，可在 Android Studio 的 SDK Manager 中选择安装各版本的 SDK。

在 SDK Manager 中选择"SDK Platforms"选项卡，然后在右下角勾选"Show Package Details"。展开 Android 9(Pie)选项，确保勾选了下面这些组件：

- Android SDK Platform 28。
- Intel x86 Atom_64 System Image（官方模拟器镜像文件，使用非官方模拟器不需要安装此组件）。

然后单击"SDK Tools"选项卡，同样勾选右下角的"Show Package Details"。展开"Android SDK Build-Tools"选项，确保勾选了 React Native 所必需的 28.0.3 版本。也可以安装多个其他版本，最后单击"Apply"来下载和安装这些组件。

3. 配置 ANDROID_HOME 环境变量

React Native 需要通过环境变量来了解你的 Android SDK 装在什么路径，从而正常进行编译。

具体做法是把下面的命令加入~/.bash_profile 文件，示例如下：

```
# 如果你不是通过 Android Studio 安装的 SDK，则其路径可能不同，请自行确定清楚
export ANDROID_HOME=$HOME/Library/Android/sdk
export PATH=$PATH:$ANDROID_HOME/tools
export PATH=$PATH:$ANDROID_HOME/tools/bin
export PATH=$PATH:$ANDROID_HOME/platform-tools
export PATH=$PATH:$ANDROID_HOME/emulator
```

安装完以上依赖和工具后，就可以使用 Taro 编译生成 Android 应用了。关于项目编译与调试后面统一介绍。

10.3.3 在 Windows 系统下搭建 Android 开发环境

首先需要安装一些依赖，包括 node.js、watchman、yarn、react-native-cli，安装方法同上，此处不再赘述。

安装完以上依赖后，还要安装 Android 开发环境。安装 Android 环境前需要安装 Java 环境，确保 JDK 版本为 1.8。

Android Studio 及 Android SDK 的安装方式与上例一致，此处不再赘述。在完成 Android 相关工具的安装后，需要将 Android SDK 添加到环境变量中。打开控制面板→系统和安全→系统→高级系统设置→高级→环境变量→新建，创建一个名为 ANDROID_HOME 的环境变量（系统或用户变量均可），指向你的 Android SDK 所在的目录，如 C:。安装完以上依赖和工具后，就可以使用 Taro 编译生成 Android 应用了。

10.3.4 使用 Taro 开发 iOS 应用

Taro 可以将项目编译为一套模板，该模板用于 iOS 界面呈现，执行编译后还需要另外一个项目才能运行该应用，两者的关系如下：

- Taro 编译生成的 rn_temp 为 React Native 项目的页面模板项目，该项目不能直接运行在 iOS 或 Android 系统上。
- taro-shell-kernel，该项目托管在 GitHub 上，用于桥接 Taro 编译生成的页面和 iOS、Android 系统，该项目基于 React Native。

调试的步骤如下。

1. 运行编译命令

首先运行编译命令，使 Taro 编译项目生成 React Native 模板项目，命令如下：

```
npm run dev:rn
```

2. 安装 React Native 应用基座项目

这时打开 taro-shell-kernel 项目，安装 npm 依赖，然后进入 ios 目录，因为 iOS 项目使用 CocoaPods 进行 Swift 和 Objective-C 的依赖管理，所以需要先执行 pod 安装命令，命令如下：

```
pod install
```

3. 触发 Taro 编译 iOS

安装完成后，使用 Xcode 打开 ios 目录下的 taroDemo.xcworkspace。打开后，需要将项目的名字修改为 Taro 项目 package.json 中指定的包名，即修改 AppDelegate.m 文件中的 moduleName:@"xxx"。完成修改后，需要触发 Taro 编译生成 React Native iOS 项目，只要打开 http://127.0.0.1:8081/rn_temp/index.bundle?platform=ios&dev=true 即可。对于 Android 应用，只要将 platform 参数修改为 android 即可。

4. 使用 Xcode 进行调试

完成以上准备工作，就可以在 Xcode 中运行项目了。选择模拟器设备，单击运行就能开始调试 iOS 应用了。

10.3.5　使用 Taro 开发 Android 应用

编译 Android 应用也需要 taro-shell-kernel 项目的支持，获取方式与上例一致，此处不再赘述。安装完依赖后，进入 android 目录，使用 Android Studio 打开该项目，即可使用 build.gradle 文件中的设置安装项目依赖，这里需要补充说明几点。

（1）首先修改 MainActivity.java 文件，getMainComponentName 函数返回值为 Taro 项目 package.json 中指定的包名。

```java
java    protected String getMainComponentName() {        return "xxx";    }
```

（2）修改 build.gradle 配置。

```
```objective-c allprojects { repositories { //... maven { url
"https://jitpack.io" } maven { // All of React Native (JS, Obj-C sources, Android
binaries) is installed from npm url
"$rootDir/../node_modules/react-native/android" } } }
    // task wrapper(type: Wrapper) { // gradleVersion = '4.4' // distributionUrl =
distributionUrl.replace("bin", "all") // }
    wrapper { gradleVersion = '4.7' distributionUrl = distributionUrl.replace("bin",
"all") } ```
```

（3）安装依赖过程中可能遇到两个依赖都找不到的情况，要手动安装一下，这两个依赖为：

- org.jetbrains.annotations.Nullable。
- android.support.annotation.NonNull。

完成以上步骤后，在浏览器输入 http://127.0.0.1:8081/rn_temp/index.bundle?platform=android&dev=true，通知 Taro 编译生成 Android 项目。

在 Android Studio 编辑器中单击运行模拟器，即可调试 Android 应用。
```

还需要注意的是，直接使用 Android Studio 启动模拟器时，模拟器对应的默认 DNS 配置为 10.0.2.3，该地址可能与我们计算机的地址不在同一个网段，从而导致模拟器无法上网，解决办法也很简单。在命令行启动模拟器，首先使用命令查看可以使用的模拟器，然后启动指定模拟器即可。显示可用模拟器的命令如下：

```
./emulator -list-avds
```

列举出两个模拟器：

```
Pixel_2_API_26_Android_8.0
Pixel_2_API_28_Android_9.0
```

启动指定模拟器并指定 DNS，命令如下：

```
./emulator @Pixel_2_API_26_Android_8.0 -dns-server 8.8.8.8
```

到这里就完成了 Taro 编译生成 React Native 项目并生成 iOS 与 Android 应用的环境搭建工作，同时编译生成了 iOS 与 Android 应用并运行模拟器，示例如下图所示。

10.4　本章小结

　　本章介绍了微信小程序、支付宝小程序、React Native的开发环境搭建的相关内容，通过Taro编译不同端应用以提升开发效率。本章只是通过以上不同端为例介绍使用Taro开发前的环境准备，除以上端外，还包括京东小程序、QQ小程序等，这些环境和工具的准备与微信小程序类似，不再赘述。H5 开发只需要浏览器环境，也不做过多介绍。有了本章知识做储备，就能使用Taro并行开发多端应用了。下一章我们将使用Taro开发适配多端的社交电商小程序，以此了解在实战项目中如何发挥Taro的优势。

第 11 章

闲置换 App 开发实践

上一章完整介绍了多端开发环境的搭建，本章以换物软件为例，开发适配微信小程序、H5、iOS 的应用。不过 Taro 只是抹平了多端适配的大多数问题，还有部分兼容性问题是 Taro 无法抹平的，例如各端登录鉴权处理，在开发前需要做充分调研，评审 Taro 是否能够完全满足项目开发需求。

11.1　项目介绍

11.1.1　项目背景

近几年，关于闲置物品的交易需求越来越迫切，很多用户购买商品后，可能使用过一次就闲置了。市面上有很多关于闲置物品交易的平台，用户可以上传闲置物品并确定价格，其他用户若看中该物品则可以直接购买。但在某些垂直领域，很多用户对于闲置物品的处理需求有所不同，用户希望通过置换的形式，将闲置物品处理的同时获得新的物品。

闲置换 App 专注于闲置服装交换，用户可以将闲置服装定价上传，其他用户看中该服装后可以选择互换或者购买。该 App 除了解决闲置物品交换信息差的问题，还解决了物品估价问题，通过置换这种方式，弱化了物品的价格职能，强化了互换双方对于物品需求的职能。

11.1.2　项目需求

闲置换 App 主要包括以下功能模块：

（1）首页与推荐。

（2）互换匹配。

（3）消息与通知。

（4）个人中心。

后续章节会详细介绍每个模块的开发。

项目首页的主要功能包含搜索、分享、商品列表。商品详情页用于显示商品的详细信息。商品互换页包含互换申请、互换申请确认等。消息页用于用户交流、同步订单信息。

个人中心页包含地址管理、基本信息、用户认证等。

11.1.3　项目核心功能设计

该项目的核心内容如下。

- 首页。

- 消息页。

- 商品详情页。

11.1.4　项目架构设计

该项目使用 Taro 2.2.13 同步开发适配微信小程序、H5、React Native 端应用。通过本章介绍，读者能够快速使用 Taro 开发多端统一应用。

本项目尽可能多地体现 Taro 在多端开发时的表现，因此很多示例也许在开发过程中并不会经常涉及，如自定义导航、动态图片列表等。

为了简化项目中数据流的管理，本项目统一使用了 dva-core。dva-core 是一个基于 Redux 和 redux-saga 的数据流方案，同时 dva 支持插件机制，使用 dva-loading 自动处理接口的 loading 状态。

在集中状态管理章节，我们介绍了使用 Redux 或者 MobX 管理状态，两者各有所长。在项目中使用时，上层还需要进行封装与约定，这无疑增加了团队协作或者多端开发成本。使用 dva 能够在简化 Redux 操作的同时保留 Redux 强大的数据流处理能力。使用 dva 有以下优点：

（1）能够更好地组织 reducer、saga、action，便于组织业务模型。

（2）简化 redux-saga 中间件的处理。

（3）单一入口，多端统一，只须关心业务本身。

因此，项目架构设计沿用 dva 推荐的规范约定，要点如下：

（1）页面相关逻辑放置于 src/pages。

（2）页面模型与数据处理放置于 src/modals。

（3）页面中异步数据获取接口的请求放置于 src/service。

（4）项目公共组件放置于 src/components。

相关设计结构如下所示：

```
./
├── src
│   ├── components
```

```
|   ├── models
|   ├── pages
|   ├── services
|   ├── utils
|   └── app.jsx
└── package.json
```

11.1.5　项目接口 mock

项目自定义 mock 接口可以使用 Taro 提供的 mock 插件启动服务，从而本地调试数据。但在跨端开发时，本地编写 mock 接口数据无疑会增加开发成本，此时我们可以选择其他友好的工具来实现数据 mock，如 mockoon，读者可自行下载该软件使用。

11.2　基础功能开发

本项目基础功能包括：

（1）通用请求库封装。
（2）Taro 项目引入 dva 并适配多端。

由以上案例，初试企业级项目中 Taro 的使用。

11.2.1　通用请求库封装

在开发网页时，我们通常使用 ajax 或者 fetch 请求后端数据。而在使用 Taro 时，则必须使用 Taro 提供的 Taro.request 请求数据。请求库封装一般需要实现以下功能：

- 请求参数处理。
- 响应内容处理。
- 请求、响应日志。

- 错误处理。

请求参数一般包括请求路径、请求方法、请求参数数据等。在封装时，请求方法默认为 GET，默认请求路径可配置请求地址域名，根据不同路由请求后端对应的数据。

在 src/utils 目录下创建文件并命名为 request.js。

请求参数简单处理的代码片段如下所示：

```
import Taro from '@tarojs/taro';
import { config } from '../../config';

const { baseUrl, noConsole } = config;

export default (options = { method: 'GET', data: {} }) => {
  if (!noConsole) {
    console.log(
      `${new Date().toLocaleString()}【 M=${options.url} 】
P=${JSON.stringify(options.data)}`,
    );
  }
  return Taro.request({
    url: (baseUrl || '') + options.url,
    data: {
      ...request_data,
      ...options.data,
    },
    header: {
      'Content-Type': 'application/json',
    },
    method: options.method.toUpperCase(),
  })
})
```

不难看出，默认请求方法为 GET，默认请求数据类型为 json。

因为 Taro.request 是 Promise 化的，因此在获取后端响应后，可在后续 then 方法中获取返回数据，并根据返回状态码做出不同处理，实例代码如下：

```
//...

Taro.request({
  //...
}).then(res => {
  const { statusCode, data } = res;
  if (statusCode >= 200 && statusCode < 300) {
    if (!noConsole) {
      console.log(`${new Date().toLocaleString()}【 M=${options.url} 】【接口响应：】
`, res.data);
    }
    if (!data.success) {
      Taro.showToast({
        title: `${res.data.error.message}~` || res.data.error.code,
        icon: 'none',
        mask: true,
      });
    }
    return data;
  } else {
    throw new Error(`网络请求错误，状态码${statusCode}`);
  }
});
```

这样就实现了接口请求与响应的日志记录，同时根据接口返回的不同状态码，做出不同响应。如果后端返回状态码为 200，则表示数据请求成功，直接返回数据即可。否则数据请求失败，需要向外界抛出对应错误，方便在调用处编写对应的业务处理逻辑。

11.2.2　引入 dva

引入 dva 前，需要安装两个依赖，分别为 dva-core 和 dva-loading。安装完这两个依赖以后，在项目 src/utils 目录下创建文件并命名为 dva.js。dva 的核心处理逻辑正是在这个文件中完成的，示例代码如下：

```
import Taro from '@tarojs/taro';
import { create } from 'dva-core';
import createLoading from 'dva-loading';

export default function createApp(opt) {
  const app = create(opt);
  app.use(createLoading({}));

  //适配支付宝小程序
  //if (Taro.getEnv() === Taro.ENV_TYPE.ALIPAY) {
  // global = {};
  //}

  if (!global.registered) opt.models.forEach(model => app.model(model));
  global.registered = true;

  app.start();

  const store = app._store;
  app.getStore = () => store;

  return app;
}
```

　　需要注意的是，我们演示项目只做微信小程序、H5 与 React Native 的多端适配，所以在代码中不会考虑其他端细微差异的适配，如果需要适配更多端应用，则根据对应端的应用开发特性编写对应的适配逻辑即可。本例中的注释内容用于演示 Taro 编译为支付宝小程序时全局变量的适配问题。

　　由上例可见，dva 处理业务逻辑的核心代码在 models 内，为了业务之间状态与处理逻辑解耦合，将不同模块状态相关的内容定义在 models 文件夹中。以 home 模块为例，在 src/models 文件夹下创建 home.js 文件，文件内容示例如下：

```
export default {
  namespace: 'home',
  state: {
    list: ['Taro', 'React'],
  },
  effects: {
    *fetchList() {
      const data = ['Hello', 'World']
      yield put({
        type: 'save',
        list: data,
      });
    },
  },
  reducers: {
    save(state, props) {
      return {
        ...state,
        ...props,
      };
    },
  },
};
```

从该段代码示例不难看出，定义一个 model 需要注意 4 个参数，这些参数的含义分别如下：

（1）namespace，指定该 model 的唯一命名空间。

（2）state，定义该模块的默认状态。

（3）effects，副作用，一般用来处理异步操作，或者处理复杂状态。

（4）reducers，可类比 Redux 中的 reducer，起更新状态的作用。

定义好 model 之后，就可以在视图组件中使用了，使用方法很简单，只须使用 Taro 提供的 Redux 库将指定 model 中的内容绑定到对应组件的 props 上即可，示例如下：

```
import Taro, { Component } from '@tarojs/taro';
import { View, Text } from '@tarojs/components';
import { connect } from '@tarojs/redux';

@connect(({ home, loading }) => ({
  ...home,
  modelLoading: loading.models.index,
  fetchListLoading: loading.effects['home/fetchList'],
}))
export default class Home extends Component {
  render() {
    const { list } = this.props;
    return <View>{list.map(e => <Text>{e}</Text>)}</View>
  }
}
```

首先从 @tarojs/redux 包中导入 connect 函数，该函数的第一个参数为函数，用于将
models（项目中定义的所有唯一 namespace 的 model）中的数据映射到组件 Props 上，本
例中我们获取了已经定义的 home model，并将该 model 中的 state 内容通过解构的形式返
回新的对象，这个新对象会绑定到组件的 props 上。使用过 redux 的读者可能会意识到，
这个操作其实就是 mapStateToProps。loading 模块是通过 dva-loading 插件自动创建的，该
模块能够获取指定 model 的 loading 状态，以及 model 中指定 effect 的 loading 状态。

11.2.3　定义请求服务

项目中的数据大多来自后端服务，因此对于请求服务的处理也非常重要。上一节我们
提到，与项目请求服务相关的内容定义在 src/services 文件夹下。同样以 home 模块为例，
home 模块的请求相关服务会定义在 src/services/home.js 文件中，文件中的示例代码如下：

```
import request from '../utils/request';

export function fetchList() {
  return request({
```

```
  url: 'api/user/1',
  method: 'GET',
});
}
```

该文件定义了一个函数 fetchList，该函数返回 promise 化的函数，函数内部使用 Taro.request 实现请求，并将该请求返回，如果该请求获取后端数据或者获取数据失败，就可以在 promise 的 then 或 catch 函数中进行返回值的处理，例如：

```
fetchList()
  .then(res => console.log(res))
  .catch(err => console.log(err))
```

还有比这种可读性更高的写法，那就是使用 async。回过头来，我们看 effects，每个 effect 都是一个 generator。而我们比较清楚 async 的实现就是基于 generator + promise，dva 借鉴了这个思路，在 effect 中提供了 call 函数用来调用 promise 化函数，并使用 yield 关键字指明该次调用。待数据返回时，可以同步获取对应数据，继续向下执行代码。学习了这些知识点后，我们回到最初定义的 home model 中完善 fetchList 这一 effect，示例如下：

```
import * as homeService from '../services/home';

export default {
  //...
  effects: {
    *fetchList({ payload }, { call, put }) {
      const { data } = yield call(homeService.fetchList, {});
      yield put({
        type: 'save',
        list: data,
      });
    },
  },
  //...
}
```

这样一来，当 fetchList 的副作用被触发时，我们定义的请求将会被发起，并且此时会将该处理搁置。待数据返回时，代码继续向下执行，通过 put 函数调用对应的 reducer，更改指定的 state，从而完成视图更新。

接下来，我们看如何触发指定的副作用。其实很简单，在使用 connect 修饰的组件中，props 会绑定一个 dispatch 函数，该函数用来完成请求更新的触发。以 home model 下的 fetchList 副作用为例，在 home 组件挂载时触发该副作用执行，实例代码如下：

```
//...
export default class Home extends Component {
  componentDidMount() {
    this.props.dispatch({ type: 'home/fetchList', payload: '123' });
  }
}
```

dispatch 函数用于指定请求 action 名及请求 payload 参数，如本例中，组件挂载时会请求执行 home model 下的 fetchList 副作用，并传递参数给该副作用，副作用获取该参数处理后发起对应请求。当请求结果返回时，执行对应的 reducer，从而引发对应的 state 更新，紧接着触发页面视图更新，完成整个操作。

11.2.4　为 H5 配置请求代理

因为浏览器的安全策略，所以跨域请求不被允许。因此对于 H5 应用，需要对请求路径进行特殊处理，即配置代理。在配置代理之前，需要对请求路径配置做多平台兼容。思路是：H5 应用需使用相对请求路径，在请求时通过 Webpack 进行代理，其他应用则需要完整请求路径，这部分处理我们可以在 config/index.js 中进行。示例如下：

```
const isH5 = process.env.TARO_ENV === 'h5';
const baseUrl = isH5 ? '' : 'http://localhost:8888';

const config = {
  //...
```

```
  baseUrl
}
```

这样一来，在我们之前定义的 src/utils/request.js 中，请求 baseUrl 就会根据环境获取不同值。除了 H5，其他应用的请求会在请求相对路径前添加 http://localhost:8888；对于 H5 应用，需在 config/index.js 配置中配置请求代理，示例如下：

```
const config = {
  //...
  h5: {
    //...
    devServer: {
      proxy: {
        '/api/': {
          target: 'http://localhost:8888',
                  pathRewrite: { '^/api/': '/' },
          changeOrigin: true,
        },
      },
    },
  }
}
```

使用 mockoon 接口 mock 工具，定义一个请求路径为 user/:id。当在 H5 项目中请求 api/user/1 时，会将该请求代理到 http://localhost:8888/user/1，从而获取响应数据，mockoon 定义的接口如下图所示。

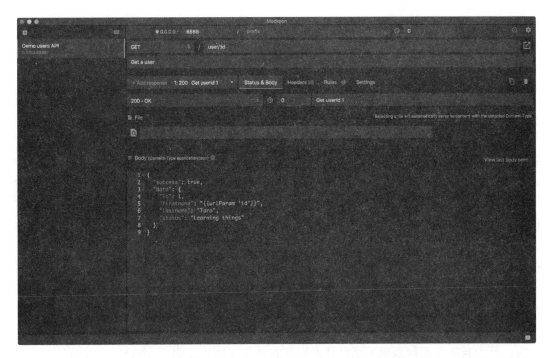

观察此处 H5 的请求代理不难发现，项目中以/api/开头的请求会被代理到服务器的/，因为我们需要手动处理非 H5 应用，所以处理方式也很简单，只需要在 request.js 中获取当前执行环境即可；若不是 H5，则通过正则匹配，替换 /api/为/ 即可，代码示例如下：

```
import { config } from '../../config';

const { baseUrl, noConsole } = config;

export default (options = { method: 'GET', data: {} }) => {
 //...
 const { url = '' } = options;
 //如果不是 H5,则要将 api 前缀去除
 const ultiUrl = process.env.TARO_ENV === 'h5' ? url : url.replace(/^(\/?api\/)/gi,
'/');
 return Taro.request({
   url: baseUrl + ultiUrl,
   //...
 })
```

```
})
```

以上配置需从 config/index.js 文件中导出，添加如下代码片段即可：

```
const config = {
  //...
};

module.exports.config = config;
```

至此，我们了解了使用 Taro 开发企业级项目前需要进行的一些必要准备，相信各位读者到此早已跃跃欲试，从下一节开始我们正式开始项目实战开发的讲解。

11.3　自定义导航器

在项目开发过程中，很多组件需要开发者封装以达到复用的目的。对于开发多端应用而言，开发自定义组件需要考虑组件跨端兼容性的问题。

11.3.1　需求分析

针对我们将要开发的适配多端的导航器组件，各端存在一些差异，如微信小程序右上角会自带"胶囊"按钮，这使得导航器无法占据屏幕整个宽度，并且对于全面屏手机，需要注意手机顶部的安全区域适配。而对于 H5 和 React Native，导航器的宽度为屏幕宽度，就需要针对不同端做导航器最大宽度的适配。适配完成的效果如下图所示。

　　该组件结构很清晰，总体结构为左右结构，左边区域放置按钮相关内容，右边区域为页面标题，且标题水平居中。开发多端组件的思路一般是：先选定一个端开发，再将该端代码适配其他端。

　　本例中我们以微信小程序导航器组件开发作为基础，然后适配 H5 与 React Native 端。在第 6 章中，我们介绍过多端开发方案，可以使用 Taro 提供的内置变量或者多端文件。通常封装多端组件，我们选择使用多端文件的形式来完成适配；封装多端逻辑处理，我们选择内置变量或多端脚本文件。

　　对于 H5 端，开发较为简单。对于 React Native 端，则需要考虑全面屏的适配问题。

　　通过以上分析，我们从微信小程序的组件开发入手，进而适配 H5 与 React Native 端。在项目中创建组件文件夹，一般我们会把项目通用组件统一放置在 src/components 下，所以首先需要在该目录下创建 HeNavigator 文件夹，把导航器组件代码放置在该文件夹中。

11.3.2 微信小程序端开发

在 HeNavigator 文件夹下，创建组件 jsx 文件与 scss 样式文件，分别为 index.weapp.jsx 和 index.weapp.scss。为了该组件适配更多场景，我们设计两种组件形态，分别如下：

（1）为组件传递 title 参数，将组件渲染为常规导航器。

（2）为组件提供子组件，导航器只作为容器。

我们首先开发符合第一种形态的组件，设计出基本的 props 参数，如 title、style、backgroundColor、color，分别用于设定标题、样式、背景色、前景色。

该组件的核心问题有以下两个：

（1）计算导航器到手机顶部的距离，该距离决定了适配全面屏。

（2）计算导航器右侧胶囊的宽度与位置，决定了导航器宽度。

对于以上两个问题，我们可以使用 Taro 提供的胶囊坐标来推算导航器的位置。代码示例如下：

```
import Taro from '@tarojs/taro';
import { View, Text } from '@tarojs/components';

import './index.weapp.scss';

export default function HeNavigator({ title, style, backgroundColor, color }) {
  const className = 'he-navigator';
  const { top, height, width } = Taro.getMenuButtonBoundingClientRect();
  const { screenWidth } = Taro.getSystemInfoSync();
  return (
    <View className={className} style={{ backgroundColor, color }}>
      <View
        className={`${className}__wrapper`}
        style={{
          paddingTop: `${top}px`,
          marginRight: `${width + 20}px`,
```

```
      height: `${height}px`,
      lineHeight: `${height}px`,
      ...style,
    }}
  >
    <View className={`${className}__wrapper__inner`}>
      <View className={`${className}__left`}>
        <Text><</Text>
      </View>
      <View
        className={`${className}__title__wrapper`}
        style={{
          width: `${screenWidth - 2 * (width + 20)}px`,
        }}
      >
        <Text>{title}</Text>
      </View>
    </View>
  </View>
);
}
```

小程序端导航器组件样式的代码示例如下：

```
.he-navigator {
 &__left {
  margin-left: 30px;
 }
 &__wrapper {
  padding-bottom: 16px;
  &__inner {
   display: flex;
   flex-direction: row;
   justify-content: space-between;

  }
```

```
  }
  &__title__wrapper {
    text-align: center;
    overflow: hidden;
    white-space: nowrap;
    text-overflow: ellipsis;
  }
}
```

现在就可以在项目中使用该组件了，不过在需要使用自定义组件的页面中，设置 navigationStyle: 'custom'，完整代码示例如下：

```
//...
import HeNavigator from '../../components/HeNavigator';

export default class Home extends Taro.Component {
  config = {
    navigationStyle: 'custom',
  }
  return <View>
      <HeNavigator title="Taro" backgroundColor="#00B388" color="#FFF" />
  </View>
}
```

这样就能看到本节内容开始时演示的效果了。在此基础上，拓展第二种形态的组件也很容易，我们约定 title 与子组件是不可共存的。也就是说，如果组件指定了 title 属性，就被渲染为形态 1，反之则渲染为形态 2。很显然，这是一个条件渲染。适配形态 1 和 2 的代码示例如下：

```
import Taro from '@tarojs/taro';
import { View, Text } from '@tarojs/components';

import './index.weapp.scss';

export default function HeNavigator({ title, children, style, backgroundColor,
color }) {
```

```
const className = 'he-navigator';
const { top, height, width } = Taro.getMenuButtonBoundingClientRect();
const { screenWidth } = Taro.getSystemInfoSync();
return (
  <View className={className} style={{ backgroundColor, color }}>
    <View
      className={`${className}__wrapper`}
      style={{
        paddingTop: `${top}px`,
        marginRight: `${width + 20}px`,
        height: `${height}px`,
        lineHeight: `${height}px`,
        ...style,
      }}
    >
      {title ? (
        <View className={`${className}__wrapper__inner`}>
          <View className={`${className}__left`}>
            <Text><</Text>
          </View>
          <View
            className={`${className}__title__wrapper`}
            style={{
              width: `${screenWidth - 2 * (width + 20)}px`,
            }}
          >
            <Text>{title}</Text>
          </View>
        </View>
      ) : (
        <View>{children}</View>
      )}
    </View>
  </View>
);
}
```

11.3.3　H5 端开发

在 src/components/HeNavigator 文件夹下，新建 index.h5.jsx、index.h5.scss。H5 端导航器组件与微信小程序的不同之处在于，H5 端无须适配右侧"胶囊"按钮，也不用考虑全面屏手机的适配问题，因此通过修改微信小程序组件代码即可实现 H5 端的导航器组件。代码示例如下：

```
import Taro from '@tarojs/taro';
import { View, Text } from '@tarojs/components';

import './index.h5.scss';

export default function HeNavigator({ title, children, style, backgroundColor,
color }) {
  const className = 'he-navigator';
  return (
    <View className={className} style={{ backgroundColor, color }}>
      <View
        className={`${className}__wrapper`}
        style={style}
      >
        {title ? (
          <View className={`${className}__wrapper__inner`}>
            <View className={`${className}__left`}>
              <Text><</Text>
            </View>
            <View
              className={`${className}__title__wrapper`}
            >
              <Text>{title}</Text>
            </View>
          </View>
        ) : (
          <View>{children}</View>
        )}
```

```
    </View>
  </View>
);
}
```

组件样式的代码示例如下：

```
    .he-navigator {
&__left {
  margin-left: 30px;
}
&__wrapper {
  height: 30Px;
  line-height: 30Px;
    padding: 20px 0;
  &__inner {
    display: flex;
    flex-direction: row;
    justify-content: space-between;

  }
}
&__title__wrapper {
  text-align: center;
  overflow: hidden;
  width: 100%;
  white-space: nowrap;
  text-overflow: ellipsis;
}
}
```

因为 H5 端导航器组件无法通过类似小程序的右侧"胶囊"菜单确定距离屏幕顶端的距离，以及导航器高度，因此需要额外样式来定义导航器高度，如本例中的 height: 30px。

11.3.4 React Native 端开发

在 src/components/HeNavigator 文件夹下，新建 index.rn.jsx、index.rn.scss，React Native 端开发导航器需要考虑全面屏的兼容问题，有两种常见方案可以实现导航器，分别为：

（1）Taro 获取系统信息中的状态栏高度。

（2）React Native 提供的 SafeAreaView 组件。

1. 根据 Taro 系统信息确定导航器上边距

通过 Taro 提供的系统信息 API 获取状态栏高度，从而设置导航器上边距，代码示例如下：

```
import Taro from '@tarojs/taro';
import { View, Text } from '@tarojs/components';

import './index.rn.scss';

export default function HeNavigator({ title, children, style, backgroundColor,
color }) {
  const className = 'he-navigator';
  const { statusBarHeight } = Taro.getSystemInfoSync();
  return (
    <View className={className} style={{ backgroundColor }}>
      <View className={`${className}__wrapper`} style={{ ...style, paddingTop:
statusBarHeight }}>
        {title ? (
          <View className={`${className}__wrapper__inner`}>
            <View className={`${className}__left`}>
              <Text style={{ color }}><</Text>
            </View>
            <View className={`${className}__title__wrapper`}>
              <Text className={`${className}__title`} style={{ color }}>
                {title}
              </Text>
```

```
      </View>
      </View>
    ) : (
      <View>{children}</View>
    )}
    </View>
  </View>
  );
}
```

React Native 端导航器组件样式的代码示例如下：

```
.he-navigator {
 &__left {
  margin-left: 30px;
  }
 &__wrapper {
  padding: 20px 0;
  &__inner {
   display: flex;
   flex-direction: row;
   justify-content: space-between;

  }
 }
 &__title__wrapper {
  height: 30px;
  width: 100%;
  text-align: center;
  align-items: center;
 }
 &__title {
  margin-left: -80px;

 }
}
```

需要注意的是，在书写各端组件的内联样式时，很多样式属性在 React Native 端中无法使用，例如：

- whiteSpace

- textOverflow

- position: fixed

- ……

2. 使用 SafeAreaView 组件

直接使用 SafeAreaView 组件包裹组件，即可实现全面屏的适配，代码示例如下：

```
import Taro from '@tarojs/taro';
import { View, Text } from '@tarojs/components';
import { SafeAreaView } from 'react-native';

import './index.rn.scss';

export default function HeNavigator({ title, children, style, backgroundColor,
color }) {
 const className = 'he-navigator';
 return (
   <View className={className} style={{ backgroundColor }}>
     <SafeAreaView>
       <View className={`${className}__wrapper`} style={style}>
         {title ? (
           <View className={`${className}__wrapper__inner`}>
             <View className={`${className}__left`}>
               <Text style={{ color }}><</Text>
             </View>
             <View className={`${className}__title__wrapper`}>
               <Text className={`${className}__title`} style={{ color }}>
                 {title}
               </Text>
             </View>
           </View>
```

```
    ) : (
        <View>{children}</View>
    )}
    </View>
</SafeAreaView>
</View>
);
}
```

由 React Native 组件开发可以看出，在 React Native 组件中可以混写 React Native 代码。不仅如此，在组件中还可以混写 React 代码。

同时，我们看到，本例中页面状态栏为白色，对于微信小程序，设置navigationBarTextStyle 即可，示例如下：

```
//...
export default class Home extends Component {
    //...
    config = {
        navigationBarTextStyle: 'white',
    }
}
```

对于 React Native 端，需要混写 React Native 代码以实现状态栏的主题色设置，代码示例如下：

```
//...
import { StatusBar, SafeAreaView } from 'react-native';

export default function HeNavigator({ theme = 'dark' }) {
    return (
        <View>
            <StatusBar barStyle={`${theme}-content`} />
        <!--...-->
        </View>
    )
```

```
}
```

11.4 首页开发

11.4.1 搜索组件

搜索功能是大多数项目中存在的一个辅助功能，通过搜索能够更便捷地获取目标内容。在本项目的实战示例中，搜索组件不需做多端开发适配，相对简单。

搜索组件分为左右结构，左侧为搜索图标，右侧为输入框。在 src/components 文件夹下创建 HeSearch 文件夹，在该文件夹下新建 index.jsx、index.scss 文件。组件 jsx 的代码示例如下：

```jsx
import Taro, { useCallback } from '@tarojs/taro';
import { View, Text, Input } from '@tarojs/components';
import { isFunction } from 'lodash';

import './index.scss';

export default function HeSearch({ style, placeholder, onChange, onFocus }) {
  const className = 'he-search';
  const handleChange = useCallback(() => {
    if (isFunction(onChange)) onChange();
  }, [onChange]);
  const handleFocus = useCallback(() => {
    if (isFunction(onFocus)) onFocus();
  }, [onFocus]);
  return (
    <View className={className} style={style}>
      <View>
        <Text></Text>
      </View>
```

```
  <Input
    placeholder={placeholder}
    className={`${className}__input`}
    placeholderClass={`${className}__input__placeholder`}
    onChange={handleChange}
    onBlur={handleFocus}
  />
  </View>
);
}
```

该组件接收 4 个属性参数：style 用于指定搜索组件样式；placeholder 用于指定输入框提示文字；onChange 为函数类型，当组件中 Input 组件值发生改变时，会调用该方法将参数传递至组件外；onFocus 为函数类型，当组件中 Input 组件聚焦事件触发时，会调用该方法。

组件对应的样式代码示例如下：

```
.he-search {
  background-color: #F3F3F3;
  border-radius: 20Px;
  display: flex;
  flex-direction: row;
  align-items: center;
  padding: 0 10Px;
  height: 30Px;

  &__input {
    margin-left: 16px;
    flex: 1;
    &__placeholder {
      font-size: 24px;
      color: #D5D5D5;
    }
  }
}
```

现在就可以在项目中使用该组件了，主页搜索放置于导航器中，我们结合上一节开发的自定义导航器，完成首页搜索功能。

在首页中结合导航器使用该搜索组件，代码示例如下：

```
import Taro, { Component } from '@tarojs/taro';
import { View, Text } from '@tarojs/components';
import HeNavigator from '../../components/HeNavigator';
import HeSearch from '../../components/HeSearch';
import './index.scss';

export default class Index extends Component {

  config = {
    navigationStyle: 'custom',
  };

  render() {
    return (
      <View className="index">
        <HeNavigator>
          <View style={{ display: 'flex', flexDirection: 'row', alignItems:
'center' }}>
            <Text>分享</Text>
            <View style={{ flex: 1 }}>
              <HeSearch placeholder="请输入关键词" />
            </View>
          </View>
        </HeNavigator>
      </View>
    );
  }
}
```

首页样式的代码如下：

```
.index {
```

```
padding: 0 30px;
}
```

显示效果如下图所示。

我们发现分享与搜索框的按钮缺少间距，在 Text 组件上指定右边距，示例如下：

```
<Text style={{ marginRight: 10 }}>分享</Text>
```

但我们发现，在微信小程序端，间距并未生效，这是因为微信小程序通过内联样式指定尺寸时，需要指定单位。我们可以在 src/utils/common 文件中定义一个适配微信小程序端的尺寸单位函数。示例如下：

```
function px(value) {
  return process.env.TARO_ENV === 'weapp' ? `${value}px` : value;
}
```

修改首页分享内容的右侧外边距，示例如下：

```
import { px } from '../../utils/common';

<Text style={{ marginRight: px(10) }}>分享</Text>
```

我们轻松完成了导航部分分享与搜索组件的开发。接下来进行瀑布流图片组件的开发。

11.4.2　瀑布流图片组件

很多产品都有图片列表展示的需求，通常为了节省展示空间且使得图片展示不显得呆板，我们可以选择用瀑布流布局的方式实现图片列表的功能，效果图见项目介绍。

实现瀑布流图片组件需要使用的组件有：

- Image 组件。
- View 组件。
- Text 组件。

使用 Taro 提供的 Image 组件实现图片卡片，进而通过两列布局，实现瀑布流，这是实现瀑布流最简单的一种方式。我们首先来实现图片卡片组件。

因为该组件只在当前 Home 模块使用，因此我们可以将该组件定义为模块内组件，而不是公共组件，在 src/pages/home 文件夹下，创建 components 文件夹，用于存放本模块内组件。在该文件夹中创建 ImageCard 文件夹，定义图片卡片组件；在 ImageCard 文件夹内，创建 index.jsx、index.scss 文件，用于定义组件与组件样式。在开始编码前，先了解一下 Taro 提供的 Image 组件的特性。

该组件与 HTML 中 img 标签有所差异，为了简化图片缩放与适配问题，Taro 基于微信小程序 Image 组件统一了 H5、React Native 端的 Image 组件表现。图片的显示规则由 mode 属性决定，Taro 为了实现小程序的 mode 属性，在 H5 组件中使用一个 div 容器来对内部的 img 标签进行展示区域的裁剪，从而抹平了多端差异。在使用 Image 组件前，了解

Image 组件的 mode 属性是至关重要的。mode 属性的相关取值与描述如下表所示。

参　　数	说　　明
scaleToFill	缩放模式，不保持纵横比缩放图片，使图片的宽高完全拉伸至填满 image 元素
aspectFit	缩放模式，保持纵横比缩放图片，使图片的长边能完全显示出来。也就是说，可以完整地将图片显示出来
aspectFill	缩放模式，保持纵横比缩放图片，只保证图片的短边能完全显示出来。也就是说，图片通常只在水平或垂直方向是完整的，另一个方向将会发生截取
widthFix	缩放模式，宽度不变，高度自动变化，保持原图宽高比不变
heightFix	缩放模式，高度不变，宽度自动变化，保持原图宽高比不变
top	裁剪模式，不缩放图片，只显示图片的顶部区域
bottom	裁剪模式，不缩放图片，只显示图片的底部区域
center	裁剪模式，不缩放图片，只显示图片的中间区域
left	裁剪模式，不缩放图片，只显示图片的左边区域
right	裁剪模式，不缩放图片，只显示图片的右边区域
top left	裁剪模式，不缩放图片，只显示图片的左上边区域
top right	裁剪模式，不缩放图片，只显示图片的右上边区域
bottom left	裁剪模式，不缩放图片，只显示图片的左下边区域
bottom right	裁剪模式，不缩放图片，只显示图片的右下边区域

在本例中，图片会指定宽度，高度需要根据图片的宽度决定，并且在缩放过程中保持原图的宽高比例。不难得出，本例中 Image 组件的 mode 属性需要选用 widthFix 值来达到显示目的。

了解了这些基础知识后，开发中的问题便可迎刃而解。图片卡片的代码示例如下：

```
import Taro from '@tarojs/taro';
import { Image, View, Text } from '@tarojs/components';

import './index.scss';

export default function ImageCard({ src }) {
  const className = 'image-card-wrapper';
```

```
  return (
    <View className={className}>
      <View style={{ width: '100%', backgroundColor: '#F9F9F9' }}>
        <Image
          style={{ width: '100%' }}
          mode="widthFix"
          src={src}
        />
      </View>
      <View className={`${className}__title-wrapper`}>
        <Text className={`${className}__title`}>商品标题标题</Text>
        <Text className={`${className}__desc`}>
          商品描述商品描述商品描述商品描述商品描述商品描述商品描述商品描述商品描述
        </Text>
      </View>
    </View>
  );
}
```

对应样式定义的代码示例如下：

```
.image-card-wrapper {
  border-radius: 30px;
  overflow: hidden;
  margin: 20px 0;

  &__title-wrapper {
    padding: 20px 30px;
    background-color: #F9F9F9;
  }

  &__title {
    font-weight: 700;
  }

  &__desc {
    font-size: 12Px;
```

```
  display: flex;
  color: #9F9F9F;
  margin: 20px 0;
  }
}
```

现在就可以来到 Home 页面中使用该图片卡片了，因为我们要实现瀑布流效果，所以将图片卡片容器通过 flex 实现两列布局，flex 的主轴方向为 row，布局方式为 space-between，便可在两列图片卡片之间留出间隙。完整使用实例的代码如下：

```jsx
import Taro, { Component } from '@tarojs/taro';
import { View, Text } from '@tarojs/components';
import ImageCard from './components/ImageCard';
import './index.scss';

export default class Home extends Component {

  config = {
    navigationStyle: 'custom',
  };

  render() {
    return (
      <View className="index">
        <HeNavigator>
          <View style={{ display: 'flex', flexDirection: 'row', alignItems:
'center' }}>
            <Text style={{ marginRight: px(10) }}>分享</Text>
            <View style={{ flex: 1 }}>
              <HeSearch placeholder="请输入关键词" />
            </View>
          </View>
        </HeNavigator>
        <View
          style={{
            display: 'flex',
```

```
      flexDirection: 'row',
      justifyContent: 'space-between',
    }}
  >
    <View style={{ width: '48%' }}>
      <ImageCard src="xx.jpg" />
      <ImageCard src="yy.jpg" />
    </View>
    <View style={{ width: '48%' }}>
      <ImageCard src="yy.jpg" />
      <ImageCard src="xx.jpg" />
    </View>
  </View>
</View>
  );
}
}
```

查看显示效果，如下图所示。

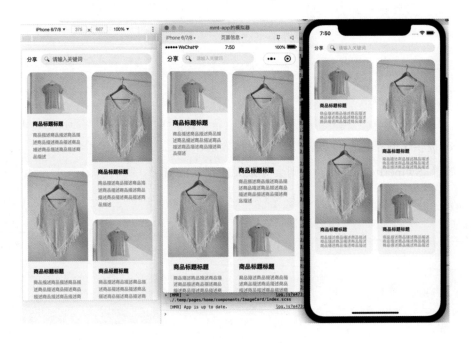

在此基础上,还需要为图片卡片组件添加标题与描述参数,修改 ImageCard 组件内容,将标题和描述修改为从 props 获取的 title、desc 参数即可。代码示例如下:

```
import Taro from '@tarojs/taro';
import { Image, View, Text } from '@tarojs/components';

import './index.scss';

export default function ImageCard({ src, title, desc }) {
  const className = 'image-card-wrapper';
  return (
    <View className={className}>
      <View style={{ width: '100%', backgroundColor: '#F9F9F9' }}>
        <Image style={{ width: '100%' }} mode="widthFix" src={src} />
      </View>
      <View className={`${className}__title-wrapper`}>
        <Text className={`${className}__title`}>{title}</Text>
        <Text className={`${className}__desc`}>{desc}</Text>
      </View>
    </View>
  );
}
```

11.4.3 轮播图组件

Taro 提供了轮播图组件以轻松实现轮播效果,需要注意的是,滑块视图组件 Swiper 中只可放置 SwiperItem 组件,否则会导致无法预知的错误。我们现在直接在 Home 页面中使用该组件,代码示例如下:

```
<View
  style={{
    borderRadius: px(10),
    overflow: 'hidden',
    height: px(150),
```

```
      marginBottom: px(10),
  }}
>
<Swiper
  style={{
    height: px(150),
      marginBottom: px(10),
  }}
  indicatorColor="#999"
  indicatorActiveColor="#333"
  circular
  indicatorDots
  autoplay
  >
  <SwiperItem>
    <Image
      mode="widthFix"
      style={{ width: '100%' }}
      src="xx.jpg"
      />
  </SwiperItem>
  <SwiperItem>
    <Image
      mode="widthFix"
      style={{ width: '100%' }}
      src="yy.jpg"
      />
  </SwiperItem>
  </Swiper>
</View>
```

　　需要注意的是，对于轮播图圆角的设置需要在轮播组件外层嵌套一个 View 组件，这样可以解决在 React Native 端圆角不生效或显示有误的问题。

　　完成效果如下图所示。

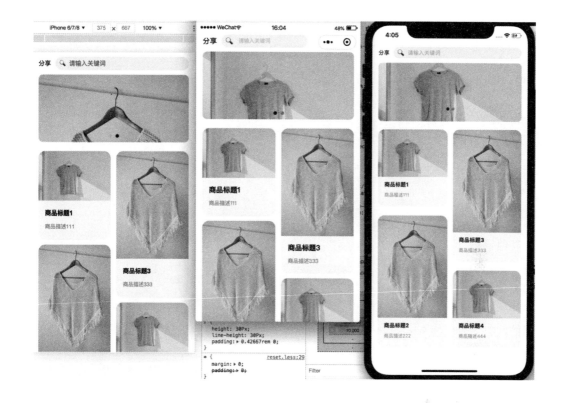

11.4.4　数据联调

数据联调是开发中很重要的一个环节，在 11.1.5 节我们介绍了使用 mock 工具 mockoon 进行数据 mock。我们约定有两个首页接口，一个是轮播图数据请求，另一个是瀑布流图片列表请求。

打开 mockoon，首先创建一个新的接口，用于提供轮播图数据，请求方法为 GET，请求路径为/home/banner；再创建一个接口，用于提供瀑布流图片数据，请求方法为 GET，请求路径为/home/list。创建好这两个接口后，再为每个接口都配置接收请求参数逻辑和定义响应数据。

轮播图数据较为简单，无请求参数，响应参数格式如下所示：

```json
{
  "success": true,
  "data": [
    {
      "url": "xxx.png"
    },
    {
      "url": "yyy.png"
    }
  ]
}
```

其他设置如下图所示。

配置完接口，重启该服务，开始编写前端请求数据逻辑。Taro 中用 Redux 管理状态，所以数据的相关处理可以在 model 中进行。来到 src/models/home，定义一个初始化 banner 数据的状态，命名为 banner。初始化时，banner 为空数组。数据请求的时机是组件挂载时，并且数据请求是异步操作，应当放在 model 中的 effects 中进行处理，最终调用 reducer 将请求到的数据赋值给 banner 状态，banner 状态的更新触发视图更新，完成轮播图数据的获取与渲染。我们来分步处理这一连串的操作。

1.　定义请求

请求的定义在 src/services/home.js 文件中，在该文件中导出一个新的方法，用于请求轮播数据，代码示例如下：

```
import request from '../utils/request';

export function fetchBanner() {
  return request({
    url: 'api/home/banner',
    method: 'GET',
  });
}
```

2.　定义 model

因为是异步请求，所以在 model 中的定义分为 3 步：（1）定义初始状态；（2）定义副作用处理函数；（3）定义 reducer。

定义 model 是为了更好地组织 action 与 reducer，并且 model 的注册和使用依赖 model 中指定的 namespace。这里我们指定 namespace 为 home；state 参数为对象，用于定义初始化状态，我们在其中定义一个参数 banner，值为空数组。effects 参数为对象，用于定义副作用处理函数，每个函数都是一个生成器，用于更好地处理异步操作，我们在其中定义一个函数 fetchBanner，具体内容见代码示例。reducer 参数为对象，用于定义 reducer。完整的 model 定义的代码示例如下：

```
import * as homeService from '../services/home';

export default {
  namespace: 'home',
  state: {
    banner: []
  },
  effects: {
```

```
  *fetchBanner({ payload }, { call, put }) {
    console.log('payload: ', payload);
    const { data } = yield call(homeService.fetchBanner, {});
    yield put({
      type: 'save',
      banner: data,
    });
  },
},
reducers: {
  save(state, props) {
    return {
      ...state,
      ...props,
    };
  },
},
};
```

3. 视图中使用状态

在视图也就是组件中使用 Redux 状态很简单，只需要通过@tarojs/redux 提供的 connect 函数将 model 中定义的状态及相关方法绑定到对应组件的 props 上即可。connect 的使用方法如下所示：

```
//...
import { connect } from '@tarojs/redux';

@connect(({ home, loading }) => ({
  ...home,
  modelLoading: loading.models.home,
  fetchBannerLoading: loading.effects['home/fetchBanner'],
}))
export default class Home extends Component {}
```

函数式组件的使用方法如下所示：

```
function Home() {}

export default connect(({ home, loading }) => ({
  ...home,
  modelLoading: loading.models.home,
  fetchBannerLoading: loading.effects['home/fetchBanner'],
}))(Home);
```

这样一来，我们就可以在组件中通过 props 访问 model 中定义的 state 了。不仅如此，我们还通过 dva-loading 插件为组件添加了两个 loading 参数，modelLoading 表示 model 中存在正在进行异步处理的逻辑，fetchBannerLoading 表示 fetchBanner 副作用正在进行处理。

获取了数据，我们就能在项目中使用了。使用也很简单，代码示例如下：

```
import Taro, { Component } from '@tarojs/taro';
import { View, Text, Swiper, SwiperItem, Image } from '@tarojs/components';
import { connect } from '@tarojs/redux';
import { px } from '../../utils/common';
import HeNavigator from '../../components/HeNavigator';
import HeSearch from '../../components/HeSearch';
import ImageCard from './components/ImageCard';
import './index.scss';

@connect(({ home, loading }) => ({
  ...home,
  modelLoading: loading.models.home,
  fetchBannerLoading: loading.effects['home/fetchBanner'],
}))
export default class Home extends Component {

  componentDidMount() {
    this.props.dispatch({ type: 'home/fetchBanner' });
  }

  config = {
```

```
  navigationStyle: 'custom',
};

render() {
  const { banner } = this.props;
  return (
    <View className="index">
      <HeNavigator>
        <View style={{ display: 'flex', flexDirection: 'row', alignItems:
'center' }}>
          <Text style={{ marginRight: px(10) }}>分享</Text>
          <View style={{ flex: 1 }}>
            <HeSearch placeholder="请输入关键词" />
          </View>
        </View>
      </HeNavigator>
      <View
        style={{
          borderRadius: px(10),
          overflow: 'hidden',
          height: px(150),
          marginBottom: px(10),
        }}
      >
        <Swiper
          style={{
            height: px(150),
            marginBottom: px(10),
            backgroundColor: '#F5F5F5',
          }}
          indicatorColor="#999"
          indicatorActiveColor="#333"
          circular
          indicatorDots
          autoplay
        >
```

```
      {banner.map((e, i) => (
        <SwiperItem key={e.url}>
          <Image mode="widthFix" style={{ width: '100%' }} src={e.url} />
        </SwiperItem>
      ))}
      </Swiper>
    </View>
  </View>
  );
  }
}
```

有了这个示例，添加 list 接口与数据渲染就很简单了。同样是先在 services 中定义请求，然后在 models 中定义对应的状态和副作用处理及 reducer，最后在页面组件中使用该状态渲染视图。首先在 mockoon 中定义 list 数据，示例如下图所示。

1. 定义请求

在 src/services/home.js 文件中导出一个新的方法，用于请求瀑布流图片数据，代码示例如下：

```
import request from '../utils/request';

export function fetchList() {
  return request({
    url: 'api/home/list',
    method: 'GET',
  });
}

export function fetchBanner() {
  return request({
    url: 'api/home/banner',
    method: 'GET',
  });
}
```

2. 定义 model

添加 list 状态及副作用处理后，完整的 model 定义的代码示例如下：

```
import * as homeService from '../services/home';

export default {
  namespace: 'home',
  state: {
    list: [],
    banner: []
  },
  effects: {
    *fetchBanner(_, { call, put }) {
      const { data } = yield call(homeService.fetchBanner);
```

```
    yield put({
      type: 'save',
      banner: data,
    });
  },
  *fetchList(_, { call, put }) {
    const { data } = yield call(homeService.fetchList);
    yield put({
      type: 'save',
      list: data,
    });
  },
},
reducers: {
  save(state, props) {
    return {
      ...state,
      ...props,
    };
  },
},
};
```

3. 视图中使用状态

在组件挂载时发起请求，在 render 函数中获取数据，并用于渲染，代码示例如下：

```
import Taro, { Component } from '@tarojs/taro';
import { View, Text, Swiper, SwiperItem, Image } from '@tarojs/components';
import { connect } from '@tarojs/redux';
import { px } from '../../utils/common';
import HeNavigator from '../../components/HeNavigator';
import HeSearch from '../../components/HeSearch';
import ImageCard from './components/ImageCard';
import './index.scss';
```

```
@connect(({ home, loading }) => ({
 ...home,
 modelLoading: loading.models.home,
 fetchBannerLoading: loading.effects['home/fetchBanner'],
}))
export default class Home extends Component {
  componentDidMount() {
    this.props.dispatch({ type: 'home/fetchBanner' });
    this.props.dispatch({ type: 'home/fetchList' });
  }

  config = {
    navigationStyle: 'custom',
  };

  render() {
    const { banner, list } = this.props;
    const leftList = list.slice(0, Math.floor(list.length / 2));
    const rightList = list.slice(Math.floor(list.length / 2));
    return (
      <View className="index">
        <HeNavigator>
          <View style={{ display: 'flex', flexDirection: 'row', alignItems:
'center' }}>
            <Text style={{ marginRight: px(10) }}>分享</Text>
            <View style={{ flex: 1 }}>
              <HeSearch placeholder="请输入关键词" />
            </View>
          </View>
        </HeNavigator>
        <View
          style={{
            borderRadius: px(10),
            overflow: 'hidden',
            height: px(150),
            marginBottom: px(10),
```

```
          }}
        >
          <Swiper
            style={{
              height: px(150),
              marginBottom: px(10),
              backgroundColor: '#F5F5F5',
            }}
            indicatorColor="#999"
            indicatorActiveColor="#333"
            circular
            indicatorDots
            autoplay
          >
            {banner.map(e => (
              <SwiperItem key={e.url}>
                <Image mode="widthFix" style={{ width: '100%' }} src={e.url} />
              </SwiperItem>
            ))}
          </Swiper>
        </View>
        <View
          style={{
            display: 'flex',
            flexDirection: 'row',
            justifyContent: 'space-between',
          }}
        >
          <View style={{ width: '48%' }}>
            {leftList.map(e => (
              <ImageCard key={e} src={e.url} title={e.title} desc={e.desc} />
            ))}
          </View>
          <View style={{ width: '48%' }}>
            {rightList.map(e => (
              <ImageCard key={e} src={e.url} title={e.title} desc={e.desc} />
```

```
        ))}
      </View>
    </View>
  </View>
  );
 }
}
```

视图解耦数据处理后，代码的可读性提高了不少。到这里，我们已经完成了一个模块从基础开发到接口联调的整个过程，相信你早已跃跃欲试，那么我们就一鼓作气在后面的几节完成其他页面的多端开发工作吧！

11.5　消息页开发

11.5.1　定义底部导航

消息页分为消息列表页与聊天消息页，在开发聊天消息页之前，需要配置应用 tabbar。tabbar 在 app.jsx 中进行配置，配置之前需要准备以下内容：

- 各 tab 选中与未选中图标。
- tab 名。

tab 的相关参数如下表所示。

参　　数	类　　型	必　　填	默 认 值	描　　述
color	HexColor	是		tab 上的文字默认颜色，仅支持十六进制颜色
selectedColor	HexColor	是		tab 上的文字选中时的颜色，仅支持十六进制颜色
backgroundColor	HexColor	是		tab 的背景色，仅支持十六进制颜色
borderStyle	string	否	black	tabbar 上边框的颜色，仅支持 black / white

续表

参　　数	类　　型	必　填	默 认 值	描　　述
list	Array	是		tab 的列表，最少 2 个、最多 5 个 tab
position	string	否	bottom	tabBar 的位置，仅支持 bottom / top
custom	boolean	否	false	是否自定义 tabbar

其中，list 接收一个数组，只能配置最少 2 个、最多 5 个 tab。tab 按照数组的顺序排序，每一项都是一个对象，其属性值如下表所示。

属　　性	类　　型	必　填	说　　明
pagePath	string	是	页面路径，必须在 pages 中先定义
text	string	是	tab 上按钮的文字
iconPath	string	否	图片路径，icon 大小限制为 40kb，建议尺寸为 81px × 81px，不支持网络图片。当 position 为 top 时，不显示 icon
selectedIconPath	string	否	选中时的图片路径，icon 大小限制为 40kb，建议尺寸为 81px × 81px，不支持网络图片。当 position 为 top 时，不显示 icon

本项目的主页面分别为首页、宝贝、消息、我的，需要准备对应的图标进行配置。配置代码示例如下：

```
class App extends Component {
  config = {
  pages: [
    'pages/message/index',
    'pages/home/index',
    'pages/goods/index',
    'pages/mine/index',
    'pages/message-detail/index',
  ],
  tabBar: {
    color: '#9F9F9F',
    selectedColor: '#FFFFFF',
    list: [
```

```
      {
        text: '首页',
        pagePath: 'pages/home/index',
        iconPath: './public/home.png',
        selectedIconPath: './public/home-active.png',
      },
      {
        text: '宝贝',
        pagePath: 'pages/goods/index',
        iconPath: './public/goods.png',
        selectedIconPath: './public/goods-active.png',
      },
      {
        text: '消息',
        pagePath: 'pages/message/index',
        iconPath: './public/message.png',
        selectedIconPath: './public/message-active.png',
      },
      {
        text: '我的',
        pagePath: 'pages/mine/index',
        iconPath: './public/mine.png',
        selectedIconPath: './public/mine-active.png',
      },
    ],
  }
};
}
```

此时应用底部会出现导航，点击对应的 tab 即可跳转到对应的页面。需要注意的是，所有 tab list 中指定的页面路径都必须在 pages 中注册。实现效果如下图所示。

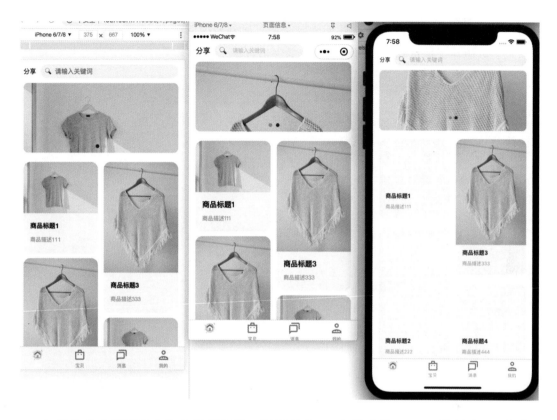

如果你的应用需要自定义底部导航，则需要将 tab 参数中的 custom 设置为 true，进而自定义 tabbar 组件。自定义 tabbar 组件实现选中效果可在对应页面下通过 getTabBar 获取组件实例，然后更新组件的选中项 index 即可实现自定义 tabbar。需要注意的是，该特性不适用于 H5 与 React Native 端。

11.5.2　消息列表页开发

为了简化消息列表页的内容，我们在消息列表页定义一个简单的按钮实现从列表页到详情页的跳转。通常从列表页到详情页的跳转还需要携带一些参数，如对应的消息 id，通过该 id 就能在详情页中查询到对应的详细内容。

实现思路为：点击消息列表项时，触发点击事件，该事件处理函数中使用 Taro 提供的路由 API 定义了跳转逻辑，跳转的同时，将对应列表项的唯一 Id 通过地址参数传递给详情页，以便在详情页初始化时获取对应的详情数据。

消息列表页的实现代码如下所示：

```
import Taro, { useCallback } from '@tarojs/taro';
import { View, Button } from '@tarojs/components';

export default function Message() {
  const className = 'message';
  const handleClick = useCallback(() => {
    Taro.navigateTo({ url: '/pages/message-detail/index?id=taro'
  }, []);
  return (
    <View className={className}>
      <Button onClick={handleClick}>去聊天</Button>
    </View>
  );
}

Message.config = {
  navigationBarTitleText: '消息'
};
```

通常为了对事件处理函数做一些优化，我们会选择使用 useCallback 这一 Hook。如果该函数体中使用的变量不包括任何 state 或 props，那么将依赖项数组指定为空数组即可。需要注意的是，依赖项数组指定不正确往往会带来很多无法预期的问题，大多数 Hooks 使用的问题都可能与函数闭包有关，使用 Hooks 导致的一些莫名其妙的问题都可以先考虑依赖项数组的指定是否有误。

跳转到详情页后，路由携带的参数可以使用组件$router 参数获取，在 Taro 3 及以上版本中，为了适配函数组件对路由参数的获取能力，引入了 Taro.getCurrentInstance 函数及对应 onReady 组件周期函数的 useReady Hook。

在 class 组件中获取路由参数的代码示例如下：

```
class C extends Taro.Component {
  componentWillMount () {
    console.log(this.$router.params) //输出{ id: 'taro' }
  }
}
```

在 function 组件中获取路由参数示例如下：

```
import Taro, { getCurrentInstance, useReady } from '@tarojs/taro';

function C() {
  useReady(() => {
    console.log(getCurrentInstance().router.params)
  })
}
```

11.5.3　聊天页面开发

聊天页面分为 4 个小模块，分别为顶部导航、页面头部卡片、消息、输入框。

1. 顶部导航

顶部导航可以使用已经实现的自定义导航器实现，需要完善的一点是，单击左侧"返回"按钮，页面将跳转至上一页，在 HeNavigator 组件中添加左侧按钮单击处理函数，以 H5 端导航组件为例，代码示例如下：

```
import Taro, { useCallback } from '@tarojs/taro';
import { View, Text } from '@tarojs/components';

import './index.h5.scss';

export default function HeNavigator({ title, children, style, backgroundColor,
color }) {
```

```
console.log('title: ', title);
const className = 'he-navigator';
const handleClick = useCallback(() => {
  Taro.navigateBack();
}, []);
return (
  <View className={className} style={{ backgroundColor, color }}>
    <View
      className={`${className}__wrapper`}
      style={style}
    >
      {title ? (
        <View className={`${className}__wrapper__inner`}>
          <View className={`${className}__left`} onClick={handleClick}>
            <Text><</Text>
          </View>
          <View
            className={`${className}__title__wrapper`}
          >
            <Text>{title}</Text>
          </View>
        </View>
      ) : (
        <View>{children}</View>
      )}
    </View>
  </View>
);
}
```

为按钮添加了 onClick 事件，并定义该事件的处理函数 handleClick，通过 Taro.navigateBack 方法实现路由跳转返回上一页。

2. 页面头部卡片

头部卡片用于浏览商品缩略信息，以及提供快捷操作入口。卡片为左右结构，左侧显示互换商品图片，右侧容器为上下结构，上部分区域用于显示商品标题，下部分区域提供一些快捷操作按钮。

本节我们将深度使用 flex 布局实现各部件 UI 展示，在讲解案例前，先整体回忆一下关于 flex 的知识点。

flex 是 flexible box 的缩写，意为"弹性布局"，用来为盒模型提供最大的灵活性。使用 flex 可以轻松实现页面布局，这也是目前网页布局的首选方案。

采用 flex 布局的元素，被称为 flex 容器（flex container），简称"容器"。容器中所有子元素都需要遵循 flex 布局规则，通常我们将 flex 容器称为 container，将容器中的项称为 item。通过 CSS 样式 display: flex 即可将元素指定为 flex 布局。

flex 布局中对于 container 需要设定以下规则：

（1）主次轴（flex-direction）。
（2）主次轴方向 item 排列方式（justify-content）。
（3）超出 container 的 item 是否换行显示（flex-wrap）。
（4）……

flex 布局中对于 item 需要设定以下规则：

（1）放大显示比例（flex-grow）。
（2）缩小显示比例（flex-shrink）。
（3）自我指定在容器次轴上的排列方式（align-self）。
（4）……

有了以上基本认识，我们从页面头部卡片来深入理解 flex 布局。

因为头部卡片为左右布局，所以指定卡片外层容器为 flex 布局，对应的属性设置为 display: flex；因为是左右布局，所以主轴方向就是 row，对应的属性设置为 flex-direction：row；左侧 item 不可被压缩，对应的属性设置为 flex-shrink: 0；右侧 item 需要占据除左侧空间外的所有空间，对应属性设置为flex-grow: 1。这样一来，就实现了左右布局，代码片段示例如下：

```
//src/pages/message-detail/components/HeHeaderCard/index.jsx

import Taro from '@tarojs/taro';
import { View, Image } from '@tarojs/components';

import './index.scss';

export default function HeaderCard({ title = '', logo = '' }) {
  const className = 'he-header-card';
  return (
    <View className={`${className}__wrapper`}>
      <Image src={logo} className={`${className}__logo`} />
      <View className={`${className}__right`}></View>
    </View>
  );
}
```

对应的样式代码片段示例如下：

```
.he-header-card {
  &__wrapper {
    display: flex;
    flex-direction: row;
    align-items: center;
    padding: 0 30px;
    background-color: #F5F5F5;
    height: 200px;
    border-bottom-left-radius: 30px;
    border-bottom-right-radius: 30px;
  }
  &__logo {
    overflow: hidden;
    border-radius: 20px;
    width: 140px;
```

```
    height: 140px;
  }
  &__right {


  }
}
```

　　继续开发右侧内容，右侧容器同样可以选择 flex 布局，对应的样式设置为 display: flex；右侧容器为上下结构布局，对应的样式设置为 flex-direction: column；上部分内容左对齐，下部分内容右对齐，需要指定下部分内容主轴方向为水平，且排列方式为靠主轴末端对齐。补充完右侧内容，完整的代码示例如下：

```
import Taro from '@tarojs/taro';
import { View, Text, Image } from '@tarojs/components';
import { px } from '../../../../utils/common';


import './index.scss';


export default function HeaderCard({ title = '', logo = '' }) {
  const className = 'he-header-card';
  return (
    <View className={`${className}__wrapper`}>
      <Image src={logo} className={`${className}__logo`} />
      <View className={`${className}__right`}>
        <Text className={`${className}__right-title`}>{title}</Text>
        <View className={`${className}__right-action`}>
          <View style={{ marginRight: px(10) }}>
            <Text>申请换</Text>
          </View>
          <View>
            <Text>毛毛买</Text>
          </View>
        </View>
      </View>
    </View>
  );
```

```
}
```

组件样式的代码示例如下：

```
.he-header-card {
 &__wrapper {
   display: flex;
   flex-direction: row;
   align-items: center;
   padding: 0 30px;
   background-color: #F5F5F5;
   height: 200px;
   border-bottom-left-radius: 30px;
   border-bottom-right-radius: 30px;
 }
 &__logo {
   overflow: hidden;
   border-radius: 20px;
   width: 140px;
   height: 140px;
 }
 &__right {
   flex: 1;
   height: 120px;
   display: flex;
   flex-direction: column;
   justify-content: center;
   margin-left: 20px;
   &-title {
     font-size: 24px;
   }
   &-action {
     display: flex;
     flex: 1;
     flex-direction: row;
     justify-content: flex-end;
     align-items: flex-end;
```

```
      }
  }
}
```

现在就可以在消息页入口文件中使用组件了，消息页部分的代码片段如下：

```
import Taro from '@tarojs/taro';
import { View } from '@tarojs/components';
import HeNavigator from '../../components/HeNavigator';
import HeaderCard from './components/HeaderCard';
import './index.scss';

export default function MessageDetail() {
  const className = 'message';
  return (
    <View className={className}>
      <View className={`${className}__header`}>
        <HeNavigator title="合一" backgroundColor="#F5F5F5" />
        <HeaderCard title="商品详情详情" logo="xxxx.png" />
      </View>
    </View>
  );
}

MessageDetail.config = {
  navigationStyle: 'custom',
};
```

消息组件样式的代码片段示例如下：

```
.message {
  display: flex;
  flex-direction: column;
  &__header {
    width: 100%;
    top: 0;
    left: 0;
```

```
  z-index: 1;
  }
}
```

完成效果如下图所示。

3. 消息

消息组件有两种表现形式：别人发来的消息和发给别人的消息。别人发来的消息，我们用 from 代号表示其类型；发给别人的消息，我们用 to 代号表示其类型。这两种类型的样式很接近，from 居左对齐，to 居右对齐，且 from 头像在左，消息在右，to 头像在右，消息在左。看似复杂的布局使用 flex 能简化许多，我们首先将单条消息容器设置为 flex 布局，容器内元素为左右结构，因此容器主轴方向为横向，对于 from 信息，设置对应的

样式为 flex-direction: row；而对于 to 信息，刚好头像与文字位置互换，可通过设置样式
flex-direction: row-reverse 轻松实现。

　　分析了组件结构和实现后，我们开始编码，在 src/pages/message-detail/components 文
件夹下创建 MessageCell 组件，页面逻辑实现在 index.jsx 中，页面样式定义在 index.scss
中。我们在 index.jsx 中编写逻辑，代码示例如下：

```jsx
import Taro from '@tarojs/taro';
import { View, Text, Image } from '@tarojs/components';
import { px } from '../../../../utils/common';
import './index.scss';

export default function MessageCell({ type = 'from', text, avatar = '' }) {
  const className = 'he-messsage-cell';
  const typedCalss = `${className}-${type}`;
  return (
    <View className={`${className} ${typedCalss}`}>
      <Image className={`${className}__avatar`} src={avatar} />
      <View
        className={`${typedCalss}__message-wrapper`}
        style={type === 'from' ? { marginRight: px(100) } : { marginLeft: px(100) }}
      >
        <View className="arrow" />
        <Text className={`${className}__message
${typedCalss}__message`}>{text}</Text>
      </View>
    </View>
  );
}
```

　　组件样式的代码示例如下：

```scss
$fromBg: #000000;
$fromColor: #FFFFFF;
$toBg: #F5F5F5;
$toColor: #000000;
```

```scss
$className: 'he-messsage-cell';

.#{$className} {
  display: flex;
  margin-top: 40px;
  &__avatar {
    width: 80px;
    height: 80px;
    border-radius: 20px;
    overflow: hidden;
    flex-shrink: 0;
  }
  &__message {
    font-size: 14Px;
  }
}

.#{$className}-from {
  flex-direction: row;
  align-items: flex-start;
  &__message {
    color: $fromColor;
  }
  &__message-wrapper {
    position: relative;
    padding: 20px;
    margin-left: 20px;
    background-color: $fromBg;
    border-radius: 8px;
    .arrow {
      position: absolute;
      left: -30px;
      top: 20px;
      border: 20px solid transparent;
      border-right: 20px solid $fromBg;
```

```
    }
  }
}

.#{$className}-to {
  flex-direction: row-reverse;
  align-items: flex-start;
  &__message-wrapper {
    position: relative;
    padding: 20px;
    margin-right: 20px;
    background-color: $toBg;
    border-radius: 8px;
    .arrow {
      position: absolute;
      right: -30px;
      top: 20px;
      border: 20px solid transparent;
      border-left: 20px solid $toBg;
    }
  }
  &__message {
    color: $toColor;
  }
}
```

注：在使用编写跨端组件样式代码时，需要考虑 React Native 端样式的差异性，如 React Native 样式不支持通配符、不支持组合选择器等。

现在可以在消息页入口文件中使用该组件了，但是，消息页通常由多条消息组成。为了更接近原生体验，需要将消息放置于 ScrollView 组件中，以实现滚动列表。因为此处列表滚动方向为垂直方向，指定 ScrollView 的 scrollY 为 true 即可。当然，为了更好地布局，在 ScrollView 中通常还会嵌套一个 View 组件，以此用于在适配各端布局时 ScrollView 可能出现不一致表现的问题。

在消息页中使用该组件，代码片段示例如下：

```
import Taro from '@tarojs/taro';
import { View, ScrollView } from '@tarojs/components';
import HeNavigator from '../../components/HeNavigator';
import HeaderCard from './components/HeaderCard';
import MessageCell from './components/MessageCell';
import AvatarTo from '../../public/avatar-to.png';
import AvatarFrom from '../../public/avatar-from.png';
import { px } from '../../utils/common';
import './index.scss';

export default function MessageDetail() {
  const className = 'message';
  const { screenHeight, statusBarHeight } = Taro.getSystemInfoSync();
  return (
    <View className={className}>
      <View className={`${className}__header`}>
        <HeNavigator title="合一" backgroundColor="#F5F5F5" />
        <HeaderCard title="商品详情详情" logo={AvatarFrom} />
      </View>
      <ScrollView
        className={`${className}__content`}
        style={{ height: px(screenHeight - statusBarHeight - (process.env.TARO_ENV
=== 'rn' ? 210 : 190)) }}
        scrollY
      >
        <View className={`${className}__content-list`}>
          <MessageCell avatar={AvatarFrom} type="from" text="这件商品很不错，想跟你换" />
          <MessageCell avatar={AvatarTo} type="to" text="可以呀，你拿什么换" />
        </View>
      </ScrollView>
    </View>
  );
}
```

```
MessageDetail.config = {
  navigationStyle: 'custom',
};
```

消息组件样式的代码片段如下所示：

```
.message {
  display: flex;
  flex-direction: column;
  &__header {
    width: 100%;
    top: 0;
    left: 0;
    z-index: 1;
  }
  &__content {
    display: flex;
    flex-direction: column;
    &-list {
      padding: 0 30px;
    }
  }
}
```

运行各端程序，效果如下图所示。

4. 消息输入

消息输入组件位于页面底部，并且固定在底部，此时需要考虑全面屏的适配问题。对于 H5，可以使用 CSS 提供的 constant(safe-area-inset-bottom) 与 env(safe-area-inset-bottom) 变量处理全面屏的底部兼容问题；对于微信小程序，可以获取系统安全区域高度，从而定位底部元素，安全区域获取 API 为 Taro.getSystemInfoSync().safeArea.height；React Native 应用可以使用 react-native 提供的 SafeAreaView 组件进行处理。

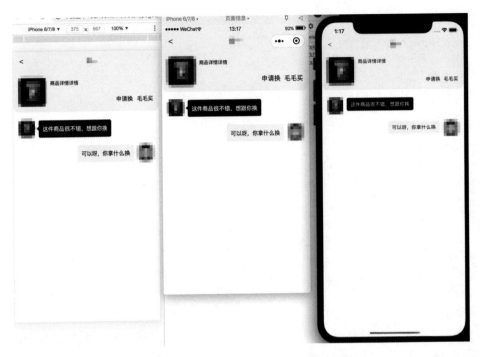

消息输入框使用 Taro 提供的 Input 组件，输入框需要使用 View 嵌套以更好地进行布局。代码实现如下所示：

```
<View className={`${className}__chat-wrapper`}>
 <View className={`${className}__chat`}>
  <Input
    style={{ paddingLeft: 20, paddingRight: 20, height: px(30) }}
    className={`${className}__chat-input`}
    placeholderClass={`${className}__chat-placeholder`}
    placeholder="聊聊..."
    />
 </View>
</View>
```

对应样式的代码示例如下：

```
&__chat-wrapper {
  width: 100%;
  bottom: 0;
```

```
  border-color: #F9F9F9;
  border-top-width: 1px;
  .message__chat {
    margin: 10px 30px;
    display: flex;
  }
  .message__chat-input {
    display: flex;
    flex: 1;
    padding: 0 20px;
    height: 60px;
    border-radius: 20px;
    background-color: #F5F5F5;
    font-size: 24px;
  }
  .message__chat-placeholder {
    display: flex;
    flex: 1;
    padding: 0 20px;
    height: 60px;
    border-radius: 20px;
    background-color: #F5F5F5;
    font-size: 24px;
  }
}
```

　　定义好输入组件后，就可以在信息入口页引入该组件并使用了。使用前需要调整 ScrollView 的高度，此前代码中设置的 ScrollView 高度并不适配全面屏，可根据不同平台编写适配逻辑。以微信小程序为例，代码实现如下：

```
import Taro from '@tarojs/taro';
import { View, ScrollView, Input } from '@tarojs/components';
import HeNavigator from '../../components/HeNavigator';
import HeaderCard from './components/HeaderCard';
import MessageCell from './components/MessageCell';
import AvatarTo from '../../public/avatar-to.png';
```

```
import AvatarFrom from '../../public/avatar-from.png';
import { px } from '../../utils/common';
import './index.scss';

export default function MessageDetail() {
  const className = 'message';
  const { screenHeight, statusBarHeight, safeArea } = Taro.getSystemInfoSync();
  return (
    <View className={className}>
      <View className={`${className}__header`}>
        <HeNavigator title="合一" backgroundColor="#F5F5F5" />
        <HeaderCard title="商品详情详情" logo={AvatarFrom} />
      </View>
      <ScrollView
        className={`${className}__content`}
        style={{
          height: px((safeArea ? safeArea.height : screenHeight) - 190 )}}
        scrollY
      >
        <View className={`${className}__content-list`}>
          <MessageCell avatar={AvatarFrom} type="from" text="这件商品很不错, 想跟你换" />
          <MessageCell avatar={AvatarTo} type="to" text="可以呀, 你拿什么换" />
          <MessageCell avatar={AvatarFrom} type="from" text="我想想, 你喜欢看汉服吗? " />
          <MessageCell avatar={AvatarTo} type="to" text="喜欢" />
          <MessageCell avatar={AvatarFrom} type="from" text="我这里有几件闲置汉服" />
          <MessageCell avatar={AvatarTo} type="to" text="好的, 你申请换, 我看看" />
          <MessageCell avatar={AvatarFrom} type="from" text="嗯嗯" />
          <MessageCell avatar={AvatarTo} type="to" text="如果看上喜欢的, 就跟你换" />
          <MessageCell avatar={AvatarFrom} type="from" text="好的哦" />
          <MessageCell avatar={AvatarTo} type="to" text="发了吗? " />
        </View>
      </ScrollView>
      <View className={`${className}__chat-wrapper`}>
        <View className={`${className}__chat`}>
          <Input
            style={{ paddingLeft: 20, paddingRight: 20, height: px(30) }}
```

```
          className={`${className}__chat-input`}
          placeholderClass={`${className}__chat-placeholder`}
          placeholder="聊聊..."
        />
      </View>
    </View>
  </View>
  );
}


MessageDetail.config = {
  navigationStyle: 'custom',
};
```

对应样式的代码如下所示：

```
.message {
  //...
  &__chat-wrapper {
    width: 100%;
    bottom: 0;
    border-color: #F9F9F9;
    border-top-width: 1px;
    .message__chat {
      margin: 10px 30px;
      display: flex;
    }
    .message__chat-input {
      display: flex;
      flex: 1;
      padding: 0 20px;
      height: 60px;
      border-radius: 20px;
      background-color: #F5F5F5;
      font-size: 24px;
    }
    .message__chat-placeholder {
```

```
    display: flex;
    flex: 1;
    padding: 0 20px;
    height: 60px;
    border-radius: 20px;
    background-color: #F5F5F5;
    font-size: 24px;
  }
}
}
```

完整的内容示例如下图所示。

在本例中，我们去掉了一些复杂且比较难兼容的需求，例如：

（1）盒阴影。在 React Netive 端想要使用盒阴影需要使用对应的库实现，库名为 react-native-shadow，该组件通过 svg 实现，使得 iOS 与 Android 都能够使用盒阴影。

（2）对于单条消息中的小箭头，我们目前是使用 CSS 设置边框实现的，但这种方案在 React Netive 中不奏效，因为空元素在 React Netive 中不渲染，并且怪异盒模型在 React Netive 中不生效，因此针对 React Netive 端需要使用 icon 实现。

11.6　商品详情页开发

商品详情页用于展示商品的详细信息，主要包括以下内容：

（1）商品详情图轮播、商品描述。
（2）返回、分享、喜欢、私信按钮组。
（3）申请换、毛毛买按钮组。
（4）商品详情图全屏预览。

商品分享等功能按钮定位于左上角，商品详情图轮播作为页面背景定位于页面上方，商品详情信息位于下方卡片，申请换、毛毛买按钮定位于页面底部。开发工作按照这个顺序展开。

1. 商品详情图轮播、商品描述

商品详情图轮播组件与商品详情卡片的布局处理需要引起注意，背景图轮播需要与详情卡片放置于同一容器中，背景图轮播定位于上方，详情卡片添加上边距以腾出空间显示背景图。又因为商品详情卡片可能需要向上滚动以显示下方内容，所以这里可以选择以下两种方案：

● 使用页面滚动。图片轮播与详情卡片放置于同一容器中，为该容器设置溢出显示样式。但需要注意的是，在 Web 开发过程中，常选择 overflow: auto，而该 CSS 属性在 React Native 中不支持，只能选用 overflow: scroll。为了保证页面滚动的流畅性，需要指定 WebkitOverflowScrolling: 'touch'属性。

- 使用 ScrollView。ScrollView 多用在多数据展示场景中，使用 ScrollView 前需要注意的是，使用该组件后无法使用下拉刷新。

这里可以选用第一种方案实现背景轮播。页面结构如下：

```
<View>
  <Swiper
  className={`${className}__swiper`}
  style={{
   height: px(swiperHeight),
     marginBottom: px(10),
  }}
  indicatorColor="#999"
  indicatorActiveColor="#333"
  circular
  indicatorDots
  autoplay
  >
  <SwiperItem>
    <Image
      mode="aspectFill"
      style={{ width: '100%', height: px(swiperHeight) }}
      src="xxx.jpg"
      />
  </SwiperItem>
  <SwiperItem>
    <Image
      mode="aspectFill"
      style={{ width: '100%', height: px(swiperHeight) }}
      src="yyy.jpg"
      />
  </SwiperItem>
  </Swiper>
```

```
<View
  style={{
    position: 'relative',
    zIndex: 2,
  }}
>
  <View
    className={`${className}__content`}
    style={{
      marginTop: process.env.TARO_ENV === 'rn' ? -30 : px(swiperHeight - 20),
    }}
  >
    <Text className={`${className}__content-title`}>商品详情</Text>
    <View className={`${className}__content-desc`}>
      <Text className={`${className}__content-desctext`}>
        商品详细描述，这件衣服很喜欢，如果你也喜欢，我们可以聊聊，一起来换
      </Text>
    </View>
  </View>
</View>
</View>
```

页面样式的代码如下：

```
$className: 'he-goods-detail';

.#{$className} {
  &__swiper {
    width: 100%;
    background-color: #F5F5F5;
    position: absolute;
    top: 0;
  }
  &__content {
    background-color: #FFFFFF;
    padding-top: 15Px;
```

```
  padding-left: 20Px;
  padding-right: 20Px;
  border-radius: 20Px;
  min-height: 800Px;
  &-title {
    font-size: 16Px;
    font-weight: 700;
  }
  &-desc {
    margin-top: 30px;
  }
 }
}
```

页面轮播使用 Swiper 组件，轮播组件中必须使用 SwiperItem 组件，以免出现无法预测的错误。Swiper 组件通过绝对定位 top: 0，卡片组件通过指定 marginTop 属性，空出显示轮播图片的区域。

同时需要禁用页面默认滚动，并且设置自定义 navigator，设置代码示例如下：

```
GoodsDetail.config = {
  navigationStyle: 'custom',
  disableScroll: true,
};
```

运行项目，效果如下图所示。

2. 返回、分享、喜欢、私信按钮组

按钮组使用定位，固定于屏幕左上角区域。按钮组在不同端的位置确定方法略有区别，思路类似自定义导航器高度与上方间隙的确定。微信小程序端的按钮组位置使用 Taro 提供的胶囊菜单位置来确定，H5 端与 React Native 端的按钮组位置使用 Taro 提供的获取系统信息 API 确定。我们可以定义一个方法返回不同端的位置与高度信息，代码示例如下：

```
import { px } from '../../utils/common';

function getTop() {
  const isWeapp = process.env.TARO_ENV === 'weapp';
  if (isWeapp) {
    const { top, height } = Taro.getMenuButtonBoundingClientRect();
```

```
  return { top: px(top), height: px(height) };
 } else {
  const { statusBarHeight } = Taro.getSystemInfoSync();
  return { top: px(statusBarHeight), height: px(30) };
 }
}
```

　　微信小程序通过获取的"胶囊"按钮位置确定按钮组定位的 top 与 height 值，H5 端与 React Native 端通过获取系统信息得到的状态栏高度确定按钮组定位的 top 与 height 值。按钮组页面的实现代码如下：

```
<View className={`${className}__action`} style={{ top, height }}>
 <View className={`${className}__action-item`} onClick={goBack}>
  <Text className={`${className}__action-item-text`}>1</Text>
 </View>
 <View className={`${className}__action-item`}>
  <Text className={`${className}__action-item-text`}>2</Text>
 </View>
 <View className={`${className}__action-item`}>
  <Text className={`${className}__action-item-text`}>3</Text>
 </View>
 <View className={`${className}__action-item`}>
  <Text className={`${className}__action-item-text`}>4</Text>
 </View>
</View>
```

　　在上述代码中，1 表示返回，2 表示分享，3 表示喜欢，4 表示私信，我们会在项目优化小节中统一补充按钮图标。页面对应的样式代码如下所示：

```
$className: 'he-goods-detail';

.#{$className} {
 &__action {
  position: absolute;
  left: 30px;
  z-index: 2;
```

```
&-item {
  width: 30Px;
  height: 30Px;
  border-radius: 30Px;
  background-color: rgba(0, 0, 0, 0.1);
  margin-bottom: 10px;
  display: flex;
  justify-content: center;
  align-items: center;
  &-text {
    color: #FFFFFF;
  }
  }
 }
}
```

各端的渲染结果如下图所示。

3. 申请换、毛毛买按钮组

申请换与毛毛买按钮组定位在屏幕底部，这里绕不开全面屏的适配问题。全面屏的适配方案在微信小程序端与 React Native 端略有不同，微信小程序端可以通过安全区域计算底部需要留出的间距，React Native 端则可以使用 SafeAreaView 组件实现全面屏的适配。

微信小程序端通过计算得出 bottom 值，而 H5 与 React Native 端的 bottom 值定为 0。定义计算 bottom 值的方法，代码示例如下：

```
function getBottom() {
  const isWeapp = process.env.TARO_ENV === 'weapp';
  if (isWeapp) {
    const {
      safeArea: { bottom },
      screenHeight,
    } = Taro.getSystemInfoSync();
    return screenHeight - bottom;
  } else {
    return 0;
  }
}
```

这样就可以在页面组件中使用了，按钮组布局代码如下所示：

```
{process.env.TARO_ENV === 'rn' ? (
  <SafeAreaView
    style={{
      height: 80,
      width: '100%',
      position: 'absolute',
      bottom: 0,
    }}
  >
    <View style={{ flex: 1 }}>{ButtonContent}</View>
  </SafeAreaView>
) : (
```

```
    <View className={`${className}__button`} style={{ bottom: px(getBottom() +
10) }}>
    {ButtonContent}
  </View>
)}
```

很明显，当平台为 React Native 时，条件渲染执行 SafeAreaView 进行渲染，以负责
React Native 端的全面屏适配工作。与此相反，当端不为 React Native 时，则需要 View 确
定按钮组位置。按钮组的主体内容单独定义为 ButtonContent 组件，以提高代码的复用性。
页面逻辑的代码如下所示：

```
const ButtonContent = (
  <View className={`${className}__button-content`}>
    <View className={`${className}__button-swap`}>
      <Text className={`${className}__button-swap-text`}>申请换</Text>
    </View>
    <View className={`${className}__button-buy`}>
      <Text className={`${className}__button-buy-text`}>毛毛买</Text>
    </View>
  </View>
);
```

按钮组样式的代码如下所示：

```
$className: 'he-goods-detail';

.#{$className} {
  &__button {
    position: absolute;
    width: 100%;
    height: 80px;
    bottom: 10px;
    left: 0;
    z-index: 3;
    //padding-bottom: constant(safe-area-inset-bottom);
    //padding-bottom: env(safe-area-inset-bottom);
```

```
  &-content {
    overflow: hidden;
    display: flex;
    flex-direction: row;
    margin: 0 40px;
    height: 100%;
    border-radius: 40px;
    background-color: #000000;
  }
  &-swap {
    @include common-button;
    background-color: #666666;
    &-text {
      color: #FFFFFF;
    }
  }
  &-buy {
    @include common-button;
    &-text {
      color: #FFFFFF;
    }
  }
 }
}
```

实现效果如下图所示。

4. 商品详情图全屏预览

为了更清晰地观察商品细节，我们往往还需要实现商品图片的全屏预览功能。Taro 提供了图片预览功能，只需调用 Taro.previewImage 即可。其实现逻辑是：当我们点击轮播图的某一张图片时，调用 Taro.previewImage 方法全屏预览图片，该方法需要传入预览图片的 url 数组，以及当前打开图片的 url。事件定义的代码片段示例如下：

```
export default function GoodsDetail() {
  //...
  //预览图片
  const previewImage = useCallback(current => {
    const urls = [
      'xxx.jpg',
      'yyy.jpg',
```

```
  ];
  Taro.previewImage({ urls, current });
}, []);
}
```

为 SwiperItem 绑定点击事件，当事件触发时，调用 previewImage 函数，代码示例如下：

```
<Swiper
  className={`${className}__swiper`}
  style={{
    height: px(swiperHeight),
      marginBottom: px(10),
  }}
  indicatorColor="#999"
  indicatorActiveColor="#333"
  circular
  indicatorDots
  autoplay
>
<SwiperItem
  onClick={() => previewImage('xx.jpg')}
>
  <Image
    mode="aspectFill"
    style={{ width: '100%', height: px(swiperHeight) }}
    src="xx.jpg"
    />
</SwiperItem>
<SwiperItem
  onClick={() => previewImage('xx.jpg')}
>
  <Image
    mode="aspectFill"
    style={{ width: '100%', height: px(swiperHeight) }}
    src="yy.jpg"
    />
```

```
    </SwiperItem>
</Swiper>
```

项目更新，点击轮播图，实现图片预览，效果如下图所示。

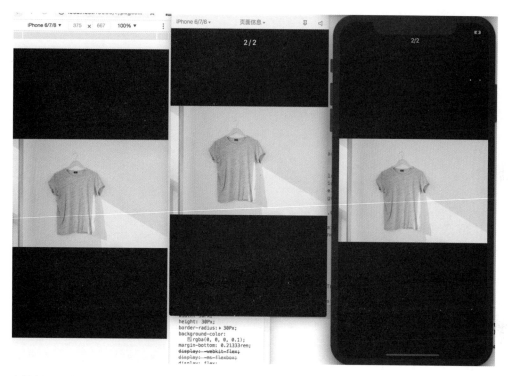

同样的方式，我们可以使用 Taro.navigateBack 实现页面返回，使用 Taro.showShareMenu 实现微信小程序的分享功能等。

本节关于商品详情页完整页面的逻辑代码示例如下：

```
import Taro, { useCallback } from '@tarojs/taro';
import { View, Text, Swiper, SwiperItem, Image } from '@tarojs/components';
import { SafeAreaView } from 'react-native';
import { px } from '../../utils/common';
import './index.scss';


function getTop() {
```

```
  const isWeapp = process.env.TARO_ENV === 'weapp';
 if (isWeapp) {
   const { top, height } = Taro.getMenuButtonBoundingClientRect();
   return { top: px(top), height: px(height) };
 } else {
   const { statusBarHeight } = Taro.getSystemInfoSync();
   return { top: px(statusBarHeight), height: px(30) };
 }
}

function getBottom() {
 const isWeapp = process.env.TARO_ENV === 'weapp';
 if (isWeapp) {
   const {
     safeArea: { bottom },
     screenHeight,
   } = Taro.getSystemInfoSync();
   return screenHeight - bottom;
 } else {
   return 0;
 }
}

export default function GoodsDetail() {
  const className = 'he-goods-detail';
  const { windowHeight } = Taro.getSystemInfoSync();
  const swiperHeight = windowHeight / 2;
  const { top, height } = getTop();
  //返回上一页
  const goBack = useCallback(() => {
    Taro.navigateBack();
  }, []);
  //预览图片
  const previewImage = useCallback(current => {
    const urls = [
      'xx.jpg',
```

```
    'yy.jpg',
  ];
  Taro.previewImage({ urls, current });
}, []);
const ButtonContent = (
  <View className={`${className}__button-content`}>
    <View className={`${className}__button-swap`}>
      <Text className={`${className}__button-swap-text`}>申请换</Text>
    </View>
    <View className={`${className}__button-buy`}>
      <Text className={`${className}__button-buy-text`}>毛毛买</Text>
    </View>
  </View>
);
return (
  <View className={className} style={{ flex: 1 }}>
    <View className={`${className}__action`} style={{ top, height }}>
      <View className={`${className}__action-item`} onClick={goBack}>
        <Text className={`${className}__action-item-text`}>1</Text>
      </View>
      <View className={`${className}__action-item`}>
        <Text className={`${className}__action-item-text`}>2</Text>
      </View>
      <View className={`${className}__action-item`}>
        <Text className={`${className}__action-item-text`}>3</Text>
      </View>
      <View className={`${className}__action-item`}>
        <Text className={`${className}__action-item-text`}>4</Text>
      </View>
    </View>
    <View
      style={{
        overflow: 'scroll',
        WebkitOverflowScrolling: 'touch',
        height: px(windowHeight),
      }}
```

```
  >
  <Swiper
    className={`${className}__swiper`}
    style={{
      height: px(swiperHeight),
      marginBottom: px(10),
    }}
    indicatorColor="#999"
    indicatorActiveColor="#333"
    circular
    indicatorDots
    autoplay
  >
    <SwiperItem
      onClick={() =>
        previewImage(
          'xx.jpg',
        )
      }
    >
      <Image
        mode="aspectFill"
        style={{ width: '100%', height: px(swiperHeight) }}
        src="xx.jpg"
      />
    </SwiperItem>
    <SwiperItem
      onClick={() =>
        previewImage(
          'yy.jpg',
        )
      }
    >
      <Image
        mode="aspectFill"
        style={{ width: '100%', height: px(swiperHeight) }}
```

```
      src="yy.jpg"
    />
  </SwiperItem>
</Swiper>
<View
  style={{
    position: 'relative',
    zIndex: 2,
  }}
>
  <View
    className={`${className}__content`}
    style={{
      marginTop: process.env.TARO_ENV === 'rn' ? -30 : px(swiperHeight - 20),
    }}
  >
    <Text className={`${className}__content-title`}>商品详情</Text>
    <View className={`${className}__content-desc`}>
      <Text className={`${className}__content-desctext`}>
        商品详细描述，这件衣服很喜欢，如果你也喜欢，我们可以聊聊，一起来换
      </Text>
    </View>
  </View>
</View>
</View>
{process.env.TARO_ENV === 'rn' ? (
  <SafeAreaView
    style={{
      height: 80,
      width: '100%',
      position: 'absolute',
      bottom: 0,
    }}
  >
    <View style={{ flex: 1 }}>{ButtonContent}</View>
  </SafeAreaView>
```

```
    ) : (
      <View className={`${className}__button`} style={{ bottom: px(getBottom() +
10) }}>
        {ButtonContent}
      </View>
    )}
  </View>
  );
}

GoodsDetail.config = {
  navigationStyle: 'custom',
  disableScroll: true,
};
```

页面样式的代码如下所示：

```
$className: 'he-goods-detail';
@mixin common-button {
  flex: 1;
  justify-content: center;
  align-items: center;
  height: 100%;
  line-height: 80px;
  text-align: center;
}

.#{$className} {
  &__action {
    position: absolute;
    left: 30px;
    z-index: 2;
    &-item {
      width: 30Px;
      height: 30Px;
      border-radius: 30Px;
      background-color: rgba(0, 0, 0, 0.1);
```

```
    margin-bottom: 10px;
    display: flex;
    justify-content: center;
    align-items: center;
    &-text {
      color: #FFFFFF;
    }
  }
}
&__swiper {
  width: 100%;
  background-color: #F5F5F5;
  position: absolute;
  top: 0;
}
&__content {
  background-color: #FFFFFF;
  padding-top: 15Px;
  padding-left: 20Px;
  padding-right: 20Px;
  border-radius: 20Px;
  min-height: 800Px;
  &-title {
    font-size: 16Px;
    font-weight: 700;
  }
  &-desc {
    margin-top: 30px;
  }
}
&__button {
  position: absolute;
  width: 100%;
  height: 80px;
  bottom: 10px;
  left: 0;
```

```
z-index: 3;
//padding-bottom: constant(safe-area-inset-bottom);
//padding-bottom: env(safe-area-inset-bottom);
&-content {
  overflow: hidden;
  display: flex;
  flex-direction: row;
  margin: 0 40px;
  height: 100%;
  border-radius: 40px;
  background-color: #000000;
}
&-swap {
  @include common-button;
  background-color: #666666;
  &-text {
    color: #FFFFFF;
  }
}
&-buy {
  @include common-button;
  &-text {
    color: #FFFFFF;
  }
}
}
}
```

以上示例介绍了常用的布局方式、兼容问题的解决方案，以及 Taro 常用 API 的使用，相信通过本节的学习你可以去尝试开发更多的功能，那就一展身手吧！

11.7　项目优化与发布

11.7.1　项目优化

项目通常需要不断优化才能达到更高的性能与更好的用户体验，本节从以下方面举例介绍 Taro 项目优化：

- 借助 taro-iconfont-cli@2.x 使用 iconfont 图标。
- 使用 alias 配置模块别名，以更便捷访问。
- 只引入使用的模块以减小打包体积。

1.　使用 iconfont 图标

通常我们在项目中会使用一些小图标，小图标可以是图片格式的，也可以是字体图标。我们一般更愿意选用字体图标，因为字体图标更方便设置样式。如果使用字体图标，则我们很可能会直接联想到 iconfont 图标库。iconfont 的使用方式也有几种，我们在此介绍的是项目中常用的方式—— js symbol，同时使用在线链接更便于更新图标。使用 iconfont 前，需要先登录 iconfont 网站，然后选择需要使用的图标添加至项目，如下图所示。

在浏览器中打开 iconfont 生成的在线链接，可以看到如下图所示的部分代码片段。

```
!function(t){var e,c,i,n,o,a,l,s='<svg><symbol id="icon-iconfontzhizuobiaozhun20" viewBox="0 0 1024 1024"><path
d="M824.314587 659.107429c-24.52251-14.159488-52.374858-21.641903-80.546477-21.641903-27.841092 0-55.371098 7.237845-
79.614246 20.929682-19.84907 11.211343-37.060057 26.565029-50.537 44.9190491-193.054901-111.457488c21.162995-37.141922
26.731828-80.291674 15.659655-121.618918-3.618411-13.501502-8.880251-26.28055-15.601326-38.1253191192.997596-
111.425765c13.475919 18.355043 30.686906 33.706683 50.537 44.919049 24.242124 13.69286 51.77213 20.929682 79.614246
20.929682 28.17162 0 56.023968-7.482415 80.546477-21.640879 37.325094-21.549805 64.024176-56.344263 75.181283-97.975429
11.155061-41.632189 5.430686-85.11554-16.121166-122.440633-14.425547-24.985044-35.262108-45.652759-60.257385-59.771315-
24.243147-13.69286-51.773154-20.930705-79.614246-20.930705-28.170596 0-56.022944 7.483438-80.545454 21.641903-71.864748
41.491996-99.739609 130.297578-67.075675 204.5814221-196.200544 113.275903c-11.059893-12.106736-24.031323-22.579251-
38.641065-31.014364-24.52251-14.157441-52.374858-21.640879-80.546477-21.640879-27.840068 0-55.370075 7.236821-79.614246
20.930705-24.995277 14.117532-45.831838 34.786271-60.256362 59.772338-21.550829 37.325094-27.275203 80.808444-16.120143
122.438587z37.855166 76.426647 75.181283 97.976452c24.51944 14.156418 52.370765 21.639856 80.543408 21.640879 0.004093 0
0.005117 0 0.00921 0 27.836999 0 55.364959-7.236821 79.607082-20.928658 14.897292-8.414647 28.300556-19.170618 39.765679-
31.7654711196.265012 113.311719c-14.778588 33.495882-17.709337 70.738088-8.098445 106.610086 11.156084 41.631166 37.85619
76.426647 75.181283 97.975429 24.51944 14.157441 52.371788 20.544431 21.641903 0.00307 0 0.005117 0 0.008186 0
27.836999 0 55.364959-7.236821 79.608106-20.929682 24.994254-14.117532 45.830815-34.786271 60.256362-59.772338 21.551852-
37.325094 27.276227-80.808444 16.121166-122.589748 119.42188c18.561751-10.717086 39.624463-16.382109 60.912301-16.382109 43.552935 0 84.117816
23.400966 105.867166 61.069891 16.306384 28.243251 20.638039 61.144592 12.196787 92.645027-8.44023 31.500435-28.64234
57.828057-56.885592 74.133418-18.561751 10.717086-39.625486 16.381086-60.913325 16.381086-43.552935 0-84.117816-
23.399943-105.867166-61.068867C604.241332 227.8995 624.288924 153.082514 682.589748 119.42188zM280.229844 634.113175c-
21.289885 0-42.35362-5.664-60.912301-16.380062-28.243251-16.306384-48.445362-42.634006-56.885592-74.134441-8.441253-
31.499411-4.110621-64.400752 12.195763-92.64298 21.748327-37.669948 62.314231-61.070914 105.866143-61.070914 21.288862 0
42.352597 5.664 60.913325 16.381086 28.243251 16.305361 48.445362 42.632983 56.886615 74.133418 8.439206 31.500435
4.107551 64.403822-12.19781 92.645027C364.345614 610.716302 323.780733 634.117268 280.229844 634.113175zM849.370239
859.890338c-21.751397 37.670971-62.315254 61.071937-105.866143 61.069891-21.290909-0.001023-42.354644-5.665023-60.913325-
16.381086-28.242228-16.307408-48.445362-42.634006-56.885592-74.134441-8.4-109598-64.401776 12.195763-92.64298z21.74935-
37.669948 62.315254-61.070914 105.867166-61.070914 21.288862 0 42.352597 5.665023 60.913325 16.381086 28.243251 16.306384
48.445362 42.634006 56.885592 74.134441C870.008278 798.74677 865.6756 831.647087 849.370239 859.890338z" ></path>
</symbol><symbol id="icon-sousuo" viewBox="0 0 1024 1024"><path d="M924.16 903.168c-1.536-4.096-1.536-4.096-2.56-5.6321-
```

从图中可以看出，js symbol 的原理是将图标封装为 svg，访问这个在线链接时，会返回我们在项目中选择的所有图标的 svg 代码，这些 svg 最终可以被渲染为图标。

但我们知道，在微信小程序、React Native 端是无法直接使用 svg 标签的，并且为了更方便地指定 svg 样式，需要修改返回的 svg 图标以支持样式设置。为了实现这一功能，我们选用 taro-iconfont-cli。

taro-iconfont-cli 让你可以在 Taro 中使用 iconfont 图标，不依赖字体，支持多色彩。

（1）安装。

首先在项目中安装 taro-iconfont-cli，因为该工具只是帮我们在开发阶段生成适配各端的图标组件，所以可以通过开发依赖安装的形式进行安装，安装命令如下：

```
yarn add taro-iconfont-cli@^2.0.0 --dev
```

或者使用 npm 进行安装：

```
npm install taro-iconfont-cli --save-dev
```

需要注意，因为项目使用的 Taro 版本为 2.2.13，所以 taro-iconfont-cli 必须使用 2.x 版本，否则会出错。

（2）生成 taro-iconfont 配置文件。

taro-iconfont-cli 提供了配置文件生成命令，只需要输入指定命令即可生成 taro-iconfont 组件转换配置，生成配置文件的命令如下：

```
npx iconfont-init
```

执行完该命令后，在项目根目录下会创建一个 iconfont.json 文件，文件的初始化内容如下：

```
{
  "symbol_url": "请参考 README.md，复制 http://iconfont.cn 官网提供的 JS 链接",
  "save_dir": "./iconfont",
  "use_typescript": false,
  "platforms": "*",
  "use_rpx": true,
  "trim_icon_prefix": "icon",
  "default_icon_size": 18
}
```

每个参数的含义如下表所示。

参数名	描　　述
symbol_url	在 iconfont 网页生成的图标在线链接
save_dir	指定生成图标组件的保存位置，一般为./src/components/Iconfont
use_typescript	是否使用 typescript，决定了生成组件的文件后缀名
platforms	编译平台，默认为全平台，本例我们设置为["weapp", "rn", "h5"]
use_rpx	是否使用 rpx 作为样式单位
trim_icon_prefix	过滤 iconfont 类名前缀，一般不需要
default_icon_size	图标默认大小，因为是 rpx 单位，所以设置为 36

完整设置如下所示：

```
{
  "symbol_url": "https://at.alicdn.com/t/font_2026057_mklwhan0if.js",
  "save_dir": "./src/components/Iconfont",
  "use_typescript": false,
  "platforms": ["weapp", "rn", "h5"],
  "use_rpx": true,
  "trim_icon_prefix": "",
  "default_icon_size": 36
}
```

（3）生成 iconfont 多端组件。

taro-iconfont-cli 提供了组件生成的命令，执行命令便会根据 iconfont.json 配置，生成适配多端的 iconfont 组件。生成命令如下：

```
npx iconfont-taro
```

此时查看 ./src/components 目录，已经生成 iconfont 组件。

需要注意的是，React Native 使用 svg 通常需要第三方库支持。我们一般选择使用 react-native-svg，需要在 Taro 项目及 taro-native-shell 项目中安装该依赖，安装命令如下：

```
yarn add react-native-svg
```

然后在 taro-native-shell 项目中静态链接该插件，对于 Android 应用，使用如下命令链接：

```
react-native link react-native-svg
```

对于 iOS 应用，使用 pod 链接依赖，进入 iOS 文件夹，执行以下命令：

```
pod install
```

到这里，就完成了 iconfont 转换工作。现在开始项目使用，以搜索组件为例，添加 iconfont 组件后的代码示例如下：

```
import Taro, { useCallback } from '@tarojs/taro';
import { View, Input } from '@tarojs/components';
```

```
import isFunction from 'lodash/isFunction';
import Iconfont from '../Iconfont';

import './index.scss';

export default function HeSearch({ style, placeholder, onChange, onFocus }) {
  const className = 'he-search';
  const handleChange = useCallback(() => {
    if (isFunction(onChange)) onChange();
  }, [onChange]);
  const handleFocus = useCallback(() => {
    if (isFunction(onFocus)) onFocus();
  }, [onFocus]);
  return (
    <View className={className} style={style}>
      <Iconfont name="icon-sousuo" />
      <Input
        placeholder={placeholder}
        className={`${className}__input`}
        placeholderClass={`${className}__input__placeholder`}
        onChange={handleChange}
        onBlur={handleFocus}
      />
    </View>
  );
}
```

　　启动项目，我们就能看到搜索组件中的放大镜 🔍 替换为放大镜图标了，如下图所示。

替换项目中的其他模块图标，完成效果如下图所示。

2. 使用 alias 配置模块别名

在之前的代码中，我们使用相对路径引入模块，这样引入的缺点是我们必须时刻关注引入的组件和当前编辑的模块的位置关系，是 ./ 还是 ../，或者是 ../../，这样的编码体验不太友好，所以我们决定用更清晰的方式来引入常使用的模块，这就要借助 Taro 提供的 alias 配置了。

在项目 config/index.js 文件中，配置 alias，建议配置方式按照如下所示的方式：

```
const rootPath = __dirname.slice(0, __dirname.lastIndexOf('/'));

const config = {
  //...
  alias: {
    '@/components': `${rootPath}/src/components`,
    '@/utils': `${rootPath}/src/utils`,
    '@/assets': `${rootPath}/src/assets`,
  },
  //...
}
```

以公共组件为例，此时在项目中引入组件只需要以 @/components/xxx 的形式即可。例如可以使用如下方式在 home 模块中引入自定义导航、搜索、图标组件：

```
import HeNavigator from '@/components/HeNavigator';
import HeSearch from '@/components/HeSearch';
import Iconfont from '@/components/Iconfont';
```

这样代码的可读性就高了很多，我们只用关注模块在哪个大模块下即可。此时，这种写法的编辑器还不能给出提示建议，需要在项目的根目录下创建 tsconfig.json，指定需要给出提示的路径，配置如下：

```
{
  "compilerOptions": {
    "baseUrl": ".",
    "paths": {
```

```
    "@/components/*": ["./src/components/*"],
    "@/utils/*": ["./src/utils/*"],
    "@/assets/*": ["./src/assets/*"],
  }
 }
}
```

3. 减小打包体积

项目打包生成的代码体积越小越好，所以我们需要保证尽量不引入未使用的模块。对于 Web 项目，可以借助 Webpack 工具的 shaking 特性在打包时排除未使用的代码。对于 Taro 项目，我们通常手动实现，即使用指定文件导入的方式代替解构形式导入的方式。以 lodash 为例，通过解构方式导入 isFunction 函数，代码示例如下：

```
import { isFunction } from 'lodash';
```

通过指定文件导入 isFunction 函数，代码示例如下：

```
import isFunction from 'lodash/isFunction';
```

修改前，打包 H5 代码，大小为 901KB；修改后，打包 H5 代码，大小为 780KB，体积变小比较明显。

同时，因为 taro-native-shell 项目集成了 react-native-unimodules，如果对该包体积敏感，则可以通过配置排除不需要的指定依赖，如项目未使用 expo-face-detector，打包时想将该包排除。

iOS 项目配置 Podfile 中 use_unimodules!(exclude: ['expo-face-detector'])，完整的示例如下：

```
platform :ios, '10.0'

require_relative '../node_modules/react-native-unimodules/cocoapods'

target 'taroDemo' do
```

```
# Pods for HelloWorld
pod 'React', :path => '../node_modules/react-native', :subspecs => [
  'Core',
  'CxxBridge',
  'DevSupport',
  'RCTActionSheet',
  'RCTAnimation',
  'RCTBlob',
  'RCTGeolocation',
  'RCTImage',
  'RCTLinkingIOS',
  'RCTNetwork',
  'RCTSettings',
  'RCTText',
  'RCTVibration',
  'RCTWebSocket',
]

pod 'yoga', :path => '../node_modules/react-native/ReactCommon/yoga'

pod 'DoubleConversion', :podspec =>
'../node_modules/react-native/third-party-podspecs/DoubleConversion.podspec'
pod 'glog', :podspec =>
'../node_modules/react-native/third-party-podspecs/glog.podspec'
pod 'Folly', :podspec =>
'../node_modules/react-native/third-party-podspecs/Folly.podspec'

  # react-native-maps dependencies
  pod 'react-native-maps', path:'../node_modules/react-native-maps'

use_unimodules!

pod 'react-native-webview', :path => '../node_modules/react-native-webview'

pod 'RNSVG', :path => '../node_modules/react-native-svg'
```

```
  target 'taroDemoTests' do
    inherit! :search_paths
  end
end
```

Android 项目配置 android/app/build.gradle 中 addUnimodulesDependencies([exclude: ['expo-face-detector']])，完整的示例如下：

```
apply plugin: "com.android.application"

import com.android.build.OutputFile

project.ext.react = [
        entryFile: "index.js"
]

apply from: '../../node_modules/react-native-unimodules/gradle.groovy'
apply from: "../../node_modules/react-native/react.gradle"

/**
 * Set this to true to create two separate APKs instead of one:
 *   - An APK that only works on ARM devices
 *   - An APK that only works on x86 devices
 * The advantage is the size of the APK is reduced by about 4MB.
 * Upload all the APKs to the Play Store and people will download
 * the correct one based on the CPU architecture of their device.
 */
def enableSeparateBuildPerCPUArchitecture = false

/**
 * Run Proguard to shrink the Java bytecode in release builds.
 */
def enableProguardInReleaseBuilds = false

android {
    compileSdkVersion rootProject.ext.compileSdkVersion
    buildToolsVersion rootProject.ext.buildToolsVersion
```

```
defaultConfig {
    applicationId "com.tarodemo"
    minSdkVersion rootProject.ext.minSdkVersion
    targetSdkVersion rootProject.ext.targetSdkVersion
    versionCode 1
    versionName "1.0"
    ndk {
        abiFilters "armeabi-v7a", "x86"
    }
}
splits {
    abi {
        reset()
        enable enableSeparateBuildPerCPUArchitecture
        universalApk false  //If true, also generate a universal APK
        include "armeabi-v7a", "x86", "arm64-v8a", "x86_64"
    }
}
buildTypes {
    release {
        minifyEnabled enableProguardInReleaseBuilds
        proguardFiles getDefaultProguardFile("proguard-android.txt"),
"proguard-rules.pro"
    }
}
//applicationVariants are e.g. debug, release
applicationVariants.all { variant ->
    variant.outputs.each { output ->
        //For each separate APK per architecture, set a unique version code as
described here:
        //http://tools.android.com/tech-docs/new-build-system/user-guide/apk-splits
        def versionCodes = ["armeabi-v7a":1, "x86":2, "arm64-v8a": 3, "x86_64":
4]
        def abi = output.getFilter(OutputFile.ABI)
        if (abi != null) {  //null for the universal-debug, universal-release
```

```
variants
            output.versionCodeOverride =
                versionCodes.get(abi) * 1048576 + defaultConfig.versionCode
        }
    }
}
    compileOptions {
        sourceCompatibility JavaVersion.VERSION_1_8
        targetCompatibility JavaVersion.VERSION_1_8
    }
}

dependencies {
    implementation project(':react-native-svg')
    implementation project(':react-native-maps')
    implementation project(':react-native-image-picker')
    implementation project(':react-native-image-crop-picker')
    implementation fileTree(dir: "libs", include: ["*.jar"])
    implementation
"com.android.support:appcompat-v7:${rootProject.ext.supportLibVersion}"
    implementation "com.facebook.react:react-native:+"  //From node_modules
    addUnimodulesDependencies()
}

//Run this once to be able to run the application with BUCK
//puts all compile dependencies into folder libs for BUCK to use
task copyDownloadableDepsToLibs(type: Copy) {
    from configurations.compile
    into 'libs'
}
```

除了以上 3 点，我们还能从很多方面着手项目优化，不过大多数优化是由于发现问题而进行的，所以根据实际需求进行项目优化比提前考虑性能问题更可取。

```
"We should forget about small efficiencies, say about 97% of the time; premature
optimization is the root of all evil" - Donald E. Knuth
```

11.7.2　项目打包发布

示例项目分为 H5、微信小程序、React Native 端，所以在打包发布时，我们需要根据不同环境打包生成各平台的代码，然后发布线上版本。Taro 提供了统一的打包命令，各平台打包时只需要指定对应的平台名即可将 Taro 代码转换为适配该平台的代码。

1. H5 打包发布

H5 打包命令如下：

```
yarn build:h5
```

或者使用 npm，命令如下：

```
npm run build:h5
```

命令执行完毕后，会在项目 dist 文件夹下生成 H5 文件夹，文件夹中的内容即 Taro 转换后的 H5 代码及相关静态资源，我们只需要将这些内容部署到服务器就能访问了。但通常我们会选择持续集成与持续部署的方式，即 CI/CD，完成项目构建与发布，这种方式可选择的方案很多。如果项目托管在 GitHub，那么可以直接使用 GitHub Action，也可以选择诸如 Travis、CircleCI 工具实现 CI/CD，还可以使用 Docker 进行部署。具体部署细节因公司实际管理项目而有差异，我们在此不做相关详述，而是采用示例方式，演示打包后的项目效果。

本地开启 HTTP 服务可以选用 http-server，该工具的原理比较简单，使用 Node.js 启动服务，将本地资源作为静态资源处理；也可以使用 Nginx 实现静态资源访问。使用 http-server 相对简单，只需要简单的安装、启动两步就能完成。

http-server 的安装命令如下：

```
npm install -g http-server
```

安装完成后，来到项目 dist/h5 目录下，执行如下命令，启动 HTTP 服务：

`http-server`

显示下图所示的提示，表示服务启动成功。

按照提示在 ResponsivefyApp 地址栏输入 127.0.0.1:8080，即可浏览最终效果，如下图所示。

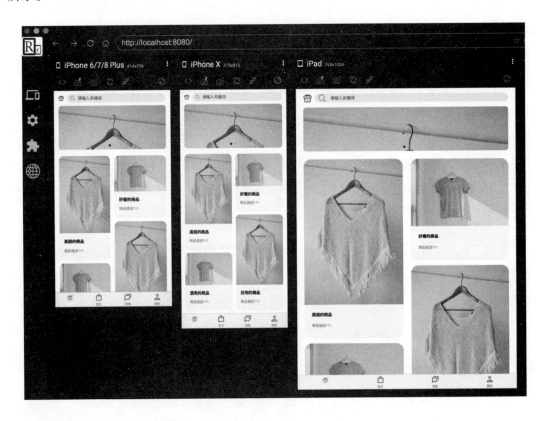

2. 微信小程序发布

微信小程序的打包命令如下：

```
yarn build:weapp
```

或者使用 npm，命令如下：

```
npm run build:weapp
```

命令执行完毕后，会在项目 dist 文件夹下生成 weapp 文件夹，文件夹中的内容即 Taro 转换后的微信小程序代码及相关静态资源。接下来我们需要在微信公众平台填写小程序配置信息。登录微信公众平台，设置小程序信息，如下图所示。

首先需要设置微信小程序的名称、头像、服务类目等信息，设置完相关信息以后，点击页面左侧的开发菜单，开发相关的配置。在开发设置中，获取 AppId（小程序 Id）及 AppSecret（小程序密钥），小程序 Id 需要在微信开发者工具中进行配置。同时需要在服务器域名中，配置项目使用的服务器域名，出于安全考虑，此处服务器地址必须基于 HTTPs，在开发调试时，可在开发工具中设置不校验合法域名。更新项目中的 AppId，可以在开发工具中点击基本信息设置进行修改，如下图所示。

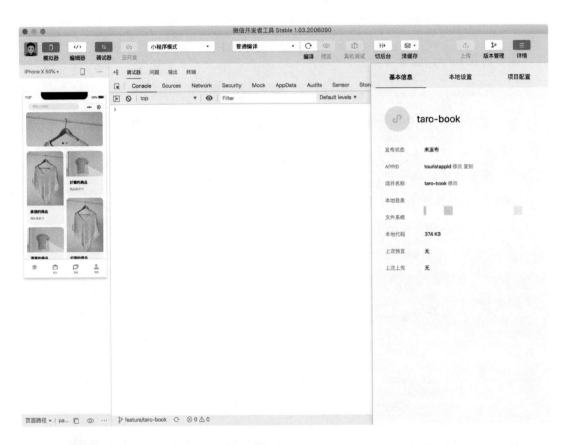

点击修改右侧的 AppId 完成设置。设置完以上内容后，就可以打包发布了。微信小程序的发布很友好，首先点击工具右上角的上传按钮，将代码上传至微信后台。上传完成后，打开微信公众平台，点击左侧的版本管理菜单，可以看到小程序的版本管理分为开发版本、审核版本、线上版本。开发版本在点击小程序开发工具中的上传按钮后生成；当我们在微信后台点击对应的开发版本提交审核时，该版本会加入到审核版本中；当微信官方审核完毕后，审核版本会变为可发布状态，点击发布后，该版本会作为线上版本完成上线。

3．iOS 发布

iOS 打包发布比 H5、微信小程序复杂一些。iOS 打包有两种方式可以选择，分别如下。

1．Taro 命令构建

React Native 使用 Taro 打包的命令如下：

```
yarn build:rn
```

或者使用 npm，命令如下：

```
npm run build:rn
```

打包完成后会在项目的根目录下生成 rn_temp 和 rn_bundle 文件夹，rn_bundle 中的内容正是我们所需要的产物。通常不建议使用这种方式进行构建，而是选用 React Native CLI 方式自定义构建 jsbundle。

2．React Native CLI 构建

使用 React Native CLI 构建之前，先要确保项目下已经生成 rn_temp，这个目录中的文件是 Taro 转换后的 React Native 代码，我们需要使用 React Native CLI 将 rn_temp 中的内容打包生成 React Native 项目使用的 jsbundle，因为是 iOS 项目，所以我们将最终产出的 jsbundle 命名为 index.ios.jsbundle。在 Taro 项目的根目录下执行以下命令构建 jsbundle：

```
node ./node_modules/react-native/local-cli/cli.js bundle
--entry-file ./rn_temp/index.js --bundle-output ./rn_bundle/index.ios.jsbundle
--assets-dest ./rn_bundle --dev false
```

命令执行完毕，会在项目的根目录下生成 rn_bundle 文件夹，文件夹中包含 assets 文件夹与 index.ios.jsbundle 文件，到这里就完成了项目的构建工作。接下来需要配置 iOS 项目，从而打包 iOS 应用。使用 Xcode 打开 taro-native-shell 中的 iOS 工程，将 index.ios.jsbundle 文件导入项目，如下图所示。

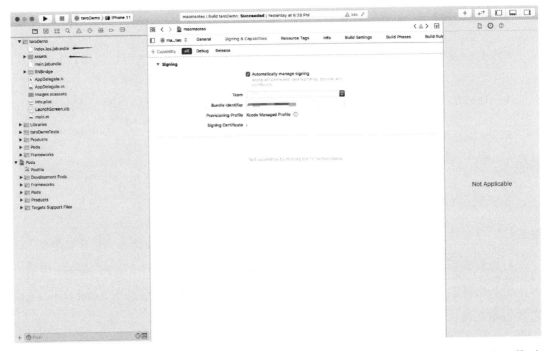

同时，需要在设置中配置苹果开发者账号及苹果开发证书。配置好以后，修改 AppDelegate.m 文件，将 jsbundle 文件的路径指向我们最新引入的 index.ios.jsbundle，示例如下：

```
/**
 * Copyright (c) 2015-present, Facebook, Inc.
 *
 * This source code is licensed under the MIT license found in the
 * LICENSE file in the root directory of this source tree.
 */

#import "AppDelegate.h"

#import <React/RCTBundleURLProvider.h>
#import <React/RCTRootView.h>

#import <UMCore/UMModuleRegistry.h>
#import <UMReactNativeAdapter/UMNativeModulesProxy.h>
```

```
#import <UMReactNativeAdapter/UMModuleRegistryAdapter.h>

@implementation AppDelegate

- (BOOL)application:(UIApplication *)application
didFinishLaunchingWithOptions:(NSDictionary *)launchOptions
{
  self.moduleRegistryAdapter = [[UMModuleRegistryAdapter alloc]
initWithModuleRegistryProvider:[[UMModuleRegistryProvider alloc] init]];
  RCTBridge *bridge = [[RCTBridge alloc] initWithDelegate:self
launchOptions:launchOptions];
  RCTRootView *rootView = [[RCTRootView alloc] initWithBridge:bridge
moduleName:@"maomaotao" initialProperties:nil];
  rootView.backgroundColor = [[UIColor alloc] initWithRed:1.0f green:1.0f blue:1.0f
alpha:1];

  self.window = [[UIWindow alloc] initWithFrame:[UIScreen mainScreen].bounds];
  UIViewController *rootViewController = [UIViewController new];
  rootViewController.view = rootView;
  self.window.rootViewController = rootViewController;
  [self.window makeKeyAndVisible];
  return YES;
}

- (NSArray<id<RCTBridgeModule>> *)extraModulesForBridge:(RCTBridge *)bridge
{
  NSArray<id<RCTBridgeModule>> *extraModules = [_moduleRegistryAdapter
extraModulesForBridge:bridge];
  // You can inject any extra modules that you would like here, more information at:
  // https://facebook.github.io/react-native/docs/native-modules-ios.html#
dependency-injection
  return extraModules;
}

- (NSURL *)sourceURLForBridge:(RCTBridge *)bridge {
#ifdef DEBUG
```

```
 return [[RCTBundleURLProvider sharedSettings]
jsBundleURLForBundleRoot:@"rn_temp/index" fallbackResource:nil];
#else
 return [[NSBundle mainBundle] URLForResource:@"index.ios"
withExtension:@"jsbundle"];
#endif
}


@end
```

完成以上设置后，开始打包。首先修改运行模拟器为 Generic iOS Device，如下图所示。

然后单击菜单栏 product→Archive，开始打包。待打包运行完成后，会出现如下图所示的弹窗。

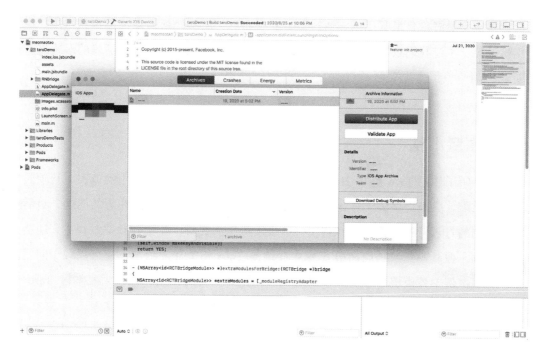

iOS 打包完成，接下来就是发布 iOS 应用了。苹果向开发者提供了几种发布应用的方式，选择项如下图所示。

方式 1 是最简单且最常用的，通过该方式发布后，能够轻松追踪应用审核进度、应用使用情况等。不过我们也常选用方式 4，导出 ipa 包后，用户通过网页下载的形式进行应用安装。

11.8　本章小结

本章介绍了使用 Taro 开发 H5、微信小程序、React Native 端应用的流程，从项目搭建到多端适配，完整地讲解了使用 Taro 开发多端应用的方法和需要注意的问题，最后介绍了不同端的打包发布流程，从 0 到 1 打造多端应用。其实，在实际开发过程中，还会遇到很多问题，但只要熟悉我们在第 1 章中介绍的 Taro 相关开发约定，就可以减少问题的出现。希望本例中各模块内容的开发讲解能起到抛砖引玉的作用，能让大家掌握 Taro 开发多端应用的方法，使用 Taro 打造出属于自己的多端应用。

第 12 章

拥抱 Taro 3

　　自 2018 年 4 月 8 日 Taro 发布 0.0.1 版本至今，已过去两年多时间。在这两年多的时间里，Taro 迭代了 3 个大版本，每个大版本更新都为开发者带来了更好的开发体验。1.x 版本到 2.x 版本，Taro CLI 编译构建系统完全重写，插件机制这一特性使得开发者实现 Taro 定制功能变得简单；2.x 版本到 3.x 版本，全面调整建构，使得用 React、Vue、Nerv 等框架开发多端应用成为可能。展望未来之前，我们先回首过去。

12.1　Taro 演进历程

12.1.1　Taro 1.x

写到这个章节时，时间是 2020 年 09 月 18 日。两年前的今天，Taro 1.0.0 发布。在这两年多时间里，Taro 一直保持高速成长的状态，结果是美好的，但成长的过程是痛苦的。Taro 1.0.0 的发布为多端应用统一开发提供了优秀的解决方案，但金无足赤，Taro 1.x 也存在很多问题，需要逐步解决，例如以下这些问题：

- 全面支持微信、百度、支付宝小程序，Taro 1.1 起支持。
- 全面支持 JSX 语法及 Hooks，Taro 1.3 起支持。
- Taro CLI 拓展性增强。
- 更轻量级的 CLI。

我们知道，对于程序而言，大多数需求是能够实现的；对于难以实现的需求，我们要考虑的是，问题出在程序架构还是需求本身。对于以上 4 个问题，显然前两个能够通过迭代程序需求实现，但后两个问题，则需要调整优化 Taro 底层架构。1.x 版本的 Taro CLI，编译构建系统是自研的，关于 Taro 1.x 实现原理我们在第 9 章的原理剖析部分已经介绍过，可翻阅对应内容查看。相信手写过 parser 的读者都知道 parser 的实现难度，这样一个看似臃肿且逻辑复杂的系统，需要考虑众多边际条件，使得上述两个问题难以解决，怎么办？那就重构吧！

12.1.2　Taro 2.x

2020 年 01 月 09 日，Taro 2.0.0 发布，解决了 1.x 版本存在的问题——使 Taro CLI 更轻量且具备较好的拓展性。关于 Taro 2.x 的实现原理我们在第 9 章的原理剖析部分已经做了介绍，可翻阅对应内容查看。Taro 2.x 的 CLI 之所以会变得非常轻量，是因为它只会做区分编译平台、处理不同平台编译入参等操作，然后根据平台参数调用对应平台的 runner 编译器编译代码，编译相关工作基于 Webpack 使用 Webpack Plugin 及 Loader 完成。实现原理如下图所示。

相比于 Taro 1.x，Taro 2.x 有如下优势：

- Taro CLI 项目更利于维护，基于 tapable 的插件机制支持。
- 更稳定。
- 多端编译处理统一化。

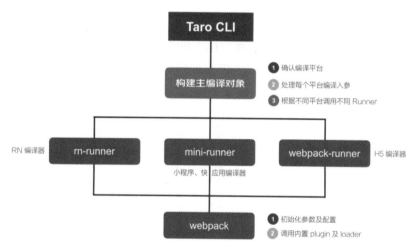

（图片版权归凹凸实验室所有）

我们在第 8 章详细介绍了插件的使用及如何自定义插件，这一特性对于 Taro 而言非常重要。常跟同事闲聊 React 的发展，React 最值得说道的一次架构变更是 0.14 版本，这次更新后，React 拆分成了 React 和 React DOM 两个包，这一重大更新奠定了 React 平台无关这一特性，平台相关处理在 React DOM 包中进行，当然对于 React Native 应用，平台相关处理在 React Native 包中进行。此时如果我们期望将 React 用于新的宿主平台，如嵌入式设备，那么我们只要修改 React Reconciler 和宿主环境处理即可。Taro 的目标也是这样，能够轻松实现对于新的终端支持，如京东小程序、快应用等。Taro 2.x 并没有真正勾勒出当初所期望的那张蓝图，它只是探索路上的一个过渡。

12.1.3　Taro 3.x

2020 年 07 月 01 日，Taro 3.0.0 发布，这一版本的 Taro 已不再是懵懵懂懂的少年，与以往相比，此时的 Taro 少了几分稚气，多了几分稳重。以往的版本，Taro 均以微信小程序的开发规范作为基准，使用类似 React 的语法来开发多端应用，这对于使用其他技术栈的开发者是不公平的，Taro 为什么不能支持使用 Vue 或者 jQuery 来编写跨端应用呢？这一问题随着 Taro 3.0.0 的发布得到了解答。

这一版本的 Taro，好似看破红尘，眼中已不再是端，微信小程序端、支付宝小程序端、H5 端、React Native 端这些都能够进行一定程度的抽象统一，从而制定标准化接口，虽然不同框架具体编码的差异巨大，但我们可以针对不同框架实现对应标准化的接口。架构如下图所示。

目前 Taro 已经支持 React、Nerv、Vue 框架，开发者可以通过 taro init 命令创建对应的模板，从而借助 Taro 使用不同框架开发多端应用。有了 Taro 插件系统，添加一个新的端应用编译支持是很轻松的一件事，同时增加一个新的框架写法也容易很多。在未来，开发者只需要写少量的代码，就可以使用自己常用的框架（如 Angular、Flutter、Svelte 等）开发小程序或多端应用了。

正如笔者提到的那位智者所言：上车 Taro 最好的时机是从前，其次是现在。

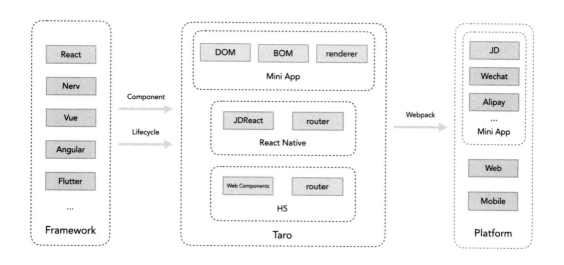

（图片版权归凹凸实验室所有）

12.2　使用 Taro 3

借助 Taro 提供的 CLI 工具，可以快速创建指定模板的 Taro 项目。项目创建成功后，对应框架的语法编写应用即可。接下来，我们分别以 React、Vue 框架模板为例，介绍 Taro 3 的使用方法。

12.2.1　React 模板

首先确认系统已安装 Taro CLI 工具的版本为 3.0 或以上，然后在命令行中执行项目的初始化命令：

```
taro init
```

选择 React 选项，开始项目初始化，如下图所示。

项目初始化完成后，使用编辑器打开项目，相较于 Taro 2.x 或 Taro 1.x，区别很明显。Taro 3 以前的版本，App 的配置以属性定义方式编写在了 app.js 入口文件中。自 Taro 3.0 开始，可以将 App 或页面配置单独放在对应模块下的 module.config.js 文件中，以 js 对象的形式进行定义。Taro 3.0 前后版本对于 App 配置的差异如下所示。

- Taro 3 以前的版本。

```
//...
export default class Index extends Component {
 //...

 config = {
  pages: ["pages/index/index"],
  window: {
   backgroundTextStyle: "light",
   navigationBarBackgroundColor: "#fff",
   navigationBarTitleText: "WeChat",
   navigationBarTextStyle: "black",
  },
 };

 render() {
  return (
   <View className="index">
    <Text>Hello world!</Text>
   </View>
  );
 }
```

```
}
```

- Taro 3。

```
//app.config.js
export default {
  pages: [
    'pages/index/index'
  ],
  window: {
    backgroundTextStyle: 'light',
    navigationBarBackgroundColor: '#fff',
    navigationBarTitleText: 'WeChat',
    navigationBarTextStyle: 'black'
  }
}
```

同时对于组件的书写，也有很大变化。例如我们定义一个首页模块，在 Taro 3 以前的版本中，模块定义需要借助 @tarojs/taro 包，而从 Taro 3 开始，模块定义完全使用各框架代码实现。以首页为例，代码示例如下：

- Taro 3 以前的版本。

```
import Taro, { Component } from '@tarojs/taro'
import { View, Text } from '@tarojs/components'

export default class Index extends Component {
  //...

  render () {
    return (
      <View>
        <Text>Hello world!</Text>
      </View>
    )
  }
}
```

- Taro 3。

```
import React, { Component } from 'react'
import { View, Text } from '@tarojs/components'

export default class Index extends Component {
  //...

 render () {
   return (
     <View>
       <Text>Hello world!</Text>
     </View>
   )
  }
}
```

除了使用 Taro 提供操作 API，不再需要导入@tarojs/taro 包来定义组件以完成界面编写，以此获得完全的 React 开发体验。

12.2.2 Vue 模板

首先执行 Taro CLI 初始化命令来初始化项目，在选择创建模板时，选择 Vue，如下图所示。

项目初始化完成后，使用编辑器打开项目，可以发现项目结构与通过 React 创建的模板工程一致，这正是 Taro 所追求的统一之美。使用 Vue 框架定义 App 入口与 React 一致，首先将 App 相关配置以 js 对象形式定义在 app.config.js 文件中，入口文件 app.js 中使用 Vue 语法定义，代码示例如下：

```
import Vue from 'vue'
import './app.scss'

const App = new Vue({
  onShow (options) {
  },
  render(h) {
    //this.$slots.default 是将会被渲染的页面
    return h('block', this.$slots.default)
  }
})

export default App
```

通过 Vue 构造器创建 App 示例，render 函数中定义并返回了将要被渲染的页面，这些页面的显示时机是通过路由系统来控制的。

定义好应用入口，就可以开始编写模块业务代码了，页面内容依然需要定义在 src/pages 文件夹下。我们以首页为例，演示通过 Vue 编写应用的方法。对于首页模块，首先需要定义该页面的相关配置，这些配置同样是以 js 对象的形式定义在 index.config.js 中的。页面逻辑在 index.vue 文件中编写，以此获得完全的 Vue 开发体验，代码示例如下：

```
<template>
  <view class="index">
    <text>{{ msg }}</text>
  </view>
</template>

<script>
import './index.scss'

export default {
```

```
data () {
  return {
    msg: 'Hello world!'
  }
}
}
</script>
```

页面布局的相关内容定义在 template 中，页面交互逻辑与数据处理定义在 Script 中，这是 Vue 组件化约定的编码方式，我们在使用 Vue 开发多端应用时，按照 Vue 开发规范进行即可。

除了以上介绍的 React、Vue 框架，还可以使用 Nerv 或者 Vue 3 框架来开发多端应用，使用方法与 React 框架类似，借助 Taro CLI 创建对应框架的模板工程，然后遵循各框架语法来编写应用，最终使用 Taro CLI 针对对应平台打包项目，完成开发。

12.3　本章小结

本章介绍了 Taro 的发展及如何使用 Taro 3 进行多端开发。Taro 自 2018 年问世至今，两年多时间经历了很多重大变化和调整。对于 Taro 而言，每一次调整优化无疑都会使之更健壮、更稳定；而对于开发者而言，在 Taro 大的版本迭代带来便利的同时，也会带来问题，如在本书成书之时，Taro 3 还未支持编译 React Native 端。不过想想，生活不会总是按照剧本来推演的。既然如此，不妨放下顾虑，拥抱变化，拥抱未来，事上练，定能探得真理。